广西姑婆山植物资源研究丛书

广西姑婆山自治区级自然保护区珍稀濒危植物

GUANGXI GUPOSHAN ZIZHIQUJI ZIRANBAOHUQU
ZHENXI BINWEI ZHIWU

梁永延　林寿珣　麦海森　邓必玉　主编

广西科学技术出版社

图书在版编目（CIP）数据

广西姑婆山自治区级自然保护区珍稀濒危植物 / 梁永延
等主编 . — 南宁：广西科学技术出版社，2023.6

ISBN 978-7-5551-1991-3

Ⅰ. ①广…　Ⅱ. ①梁…　Ⅲ. ①自然保护区—珍稀植物—
濒危植物—广西　Ⅳ. ① Q948.526.7

中国国家版本馆 CIP 数据核字（2023）第 119816 号

GUANGXI GUPOSHAN ZIZHIQUJI ZIRANBAOHUQU ZHENXI BINWEI ZHIWU

广西姑婆山自治区级自然保护区珍稀濒危植物

梁永延　林寿珣　麦海森　邓必玉　主编

责任编辑：黎志海　梁珂珂　　　　　装帧设计：韦宇星
责任校对：吴书丽　　　　　　　　　责任印制：陆　弟

出　版　人：卢培钊　　　　　　　　出版发行：广西科学技术出版社
社　　　址：广西南宁市东葛路 66 号　邮政编码：530023
网　　　址：http://www.gxkjs.com

经　　　销：全国各地新华书店
印　　　刷：广西广大印务有限责任公司

开　　　本：889 mm × 1194 mm　　1/16
字　　　数：249 千字
印　　　张：14
版　　　次：2023 年 6 月第 1 版
印　　　次：2023 年 6 月第 1 次印刷
书　　　号：ISBN 978-7-5551-1991-3
定　　　价：168.00 元

《广西姑婆山自治区级自然保护区珍稀濒危植物》
编 委 会

前　言

广西姑婆山自治区级自然保护区（以下简称姑婆山自然保护区）位于广西东部的贺州市，东面与八步区里松镇相接，南面和西面分别与平桂区黄田镇和望高镇相邻，北面以由马鞍山、笔架山、野鸡坳等山峰构成的，与湖南省江华瑶族自治县交界的分水岭为界。姑婆山自然保护区总面积 6549.6 公顷，主要保护对象为中亚热带常绿阔叶林森林生态系统、珍稀濒危野生动植物及其生境以及丰富的景观资源，是我国乃至国际上生物多样性保护与研究的热点地区之一。

在广西壮族自治区林业局林业科技项目（桂林科研〔2022ZC〕第 11 号）的支持下，由姑婆山自然保护区、广西森林资源与生态环境监测中心和广西渌金生态科技有限公司共同开展广西姑婆山维管植物多样性调查研究。在全面调查和分类鉴定的基础上，共记录维管植物 1400 种左右（包括外来植物 82 种）。姑婆山自然保护区分布有珍稀濒危野生植物 405 种，隶属 101 科 234 属，包括蕨类植物 11 科 20 属 25 种、裸子植物 2 科 2 属 2 种、被子植物 88 科 212 属 378 种。其中，国家重点保护野生植物 30 种（均为国家二级重点保护野生植物），广西重点保护野生植物 49 种，其他珍稀濒危野生植物 326 种。

本书收录姑婆山自然保护区珍稀濒危植物 163 种，其中蕨类植物 15 种、裸子植物 2 种、被子植物 146 种，图片共计近 500 张。本书科的排列，蕨类植物按 PPG Ⅰ系统编排，裸子植物按郑万钧 1975 年系统、傅立国 1977 年《中国植物志》系统编排，被子植物按哈钦松 1926 年、1934 年系统编排，属、种按拉丁名字母顺序排列，种拉丁名参考最新资料做了部分修订。

为了方便读者阅读，本书简要介绍各珍稀濒危植物中文名、拉丁学名、俗名、识别要点、生境和用途等。同时，内容引用了《国家重点保护野生植物名录》（2021 年修订）、《广西壮族自治区重点保护野生植物名录》（2023 年）、《广西本土植物及其濒危状况》、《中国植物志》、《中国生物多样性红色名录——高等植物卷（2020）》、《濒危野生动植物种国际贸易公约》附录及各类植物志书等的相关信息。

本书在编写过程中得到业内专家的指导和把关，在此深表感谢！本书虽经反复校核，但难免存在不足和错误之处，欢迎读者批评指正。

目 录
CONTENTS

总论

第一节 姑婆山自然保护区自然地理概况

一、地理位置

广西姑婆山自治区级自然保护区（以下简称姑婆山自然保护区）位于广西东部的贺州市，东面与八步区里松镇相接，南面和西面分别与平桂区黄田镇和望高镇相邻，北面以由马鞍山、笔架山、野鸡坳等山峰构成的，与湖南省江华瑶族自治县交界的分水岭为界。姑婆山自然保护区地理坐标为东经111°30′30″~111°37′30″、北纬24°34′26″~24°42′05″，地跨贺州市八步区里松镇和平桂区黄田镇，南北长约14.2千米，东西宽约11.9千米，总面积约6549.6公顷，约占贺州市土地总面积（约11855平方千米）的0.55%。

二、地质地貌

姑婆山自然保护区在地质构造上隶属华南加里东褶皱系，位于粤桂海西—印支期拗陷带的南东边缘，粤桂向云开加里东隆起带的北东端。地壳曾发生多次构造运动，有加里东期、海西期、印支期、燕山期及喜马拉雅期等，而以加里东期、印支期及燕山期构造运动最为强烈，使地层产生褶皱隆起或断裂，构造较为复杂。区域内地层发育较为齐全，出露的地层有元古界的丹洲群和震旦系，古生界的寒武系、泥盆系、石炭系和二叠系，中生界的侏罗系和白垩系，新生界的第四系等，出露最多的是古生界的寒武系和泥盆系。

姑婆山自然保护区地处萌渚岭南端，属中山地貌，山岭绵延，地形起伏大。地势东北高，西南低，东北—西南走向，天堂顶、姑婆山、笔架山构成主体山脉。一般相对高差600~800米，坡度30°以上，山高坡长且险峻。坡度35°以上的地段多见岩石裸露。

三、气候

姑婆山自然保护区地处中亚热带气候区，根据贺州市气象局历年气象观测资料，姑婆山自然保护区多年平均气温18.2℃（姑婆山山顶多年平均气温10℃），极端最高温38.9℃，极端最低温−4.0℃，年活动积温6643℃。多年平均降水量1704毫米，相对湿度在80%以上。多雨雾、风较大，尤其在夏季，因受南部海洋暖湿气流的影响，常在姑婆山构成山前的大量锋面雨，冬季有短期的霜冻和雨凇。多年平均无霜期299天。

四、水文

姑婆山自然保护区内有名字的河溪共14条，其中以仙姑溪、仙女溪、十八水溪、姑婆江、大同冲溪、马鞍冲溪流量较大。东面大同冲溪、马鞍冲溪汇入里松河，西面仙姑溪、仙女溪等汇成姑婆江。姑婆江长19千米，最大流量为86立方米/秒，最小流量为0.8立方米/秒，流域面积56平方千米。姑婆江与十八水溪汇成江华水江，最后汇入里松河。姑婆山自然保护区是珠江一级支流贺江的源头，是八步区里松、黄田、莲塘和平桂区的望高等镇的主要水源，年总径流量7150万立方米。

五、土壤

姑婆山自然保护区成土母岩以花岗岩为主，局部为砂页岩和变质岩，地带性土壤为红壤，但由于海拔高差大，土壤垂直分异明显。海拔 500 米以下为红壤，海拔 500~800 米为黄红壤，海拔 800 米以上为黄壤。总体而言，土壤较为浅薄且含石砾较多，质地疏松，结持力差而易被冲刷、崩塌，保水性差，肥力较低。在局部缓坡、山脚、沟边，有坡积厚土层，肥力较高。

第二节　珍稀濒危植物概况

珍稀濒危植物通常是指在经济、科研、文化和教育等方面具有特殊重要价值，而其分布有一定的局限性，种群数量又很少的植物。重点保护野生植物是指原生地天然生长的珍贵植物和原生地天然生长并具有重要经济、科学研究、文化价值的植物。对珍稀濒危植物和重点野生保护植物的保护是全球生物多样性保护行动计划的一个重要组成部分，对于植物资源的保护和可持续利用是必不可少的。

本书介绍的珍稀濒危植物指列入《国家重点保护野生植物名录》（2021 年修订）、《广西壮族自治区重点保护野生植物名录》（2023 年）、《濒危野生动植物种国际贸易公约》（以下简称 CITES）附录Ⅰ和附录Ⅱ的植物和《中国生物多样性红色名录——高等植物卷（2020）》（以下简称《中国生物多样性红色名录》）中列为易危（VU）及以上等级的植物（即受威胁植物），以及分布区域窄，在广西乃至全国均较为罕见，特有的，资源总量稀少、亟须被保护的其他珍稀濒危野生植物。

根据上述条件统计，姑婆山自然保护区共有珍稀濒危野生植物 405 种，隶属 101 科 234 属，其中，蕨类植物 11 科 20 属 25 种，裸子植物 2 科 2 属 2 种，被子植物 88 科 212 属 378 种。各类型情况如下：国家重点保护野生植物 30 种（均为国家二级重点保护野生植物），广西重点保护野生植物 49 种；在《中国生物多样性红色名录》中列为易危（VU）及以上等级的野生植物 39 种，其中，极危（CR）2 种，濒危（EN）11 种，易危（VU）26 种；列入 CITES 附录Ⅰ和附录Ⅱ的 55 种。

姑婆山自然保护区珍稀濒危野生植物表

中文名正名	拉丁名	保护等级	濒危等级	CITES 附录	其他
长柄石杉	*Huperzia javanica*	国家二级	EN		
华南马尾杉	*Phlegmariurus austrosinicus*	国家二级			中国特有
翠云草	*Selaginella uncinata*				中国特有
福建观音座莲	*Angiopteris fokiensis*	国家二级			
金毛狗	*Cibotium barometz*	国家二级		附录Ⅱ	
大叶黑桫椤	*Alsophila gigantea*	国家二级		附录Ⅱ	
桫椤	*Alsophila spinulosa*	国家二级		附录Ⅱ	
金粉背蕨	*Aleuritopteris chrysophylla*				√

续表

中文名正名	拉丁名	保护等级	濒危等级	CITES 附录	其他
中华隐囊蕨	*Cheilanthes chinensis*				中国特有
美丽凤了蕨	*Coniogramme venusta*				中国特有
独山短肠蕨	*Diplazium dushanense*				中国特有
全缘网蕨	*Deparia formosana*				中国特有，√
戟叶圣蕨	*Stegnogramma sagittifolia*				中国特有
崇澍蕨	*Woodwardia harlandii*				√
多羽复叶耳蕨	*Arachniodes amoena*				中国特有
中华复叶耳蕨	*Arachniodes chinensis*				中国特有
刺头复叶耳蕨	*Arachniodes aristata*				中国特有
粗裂复叶耳蕨	*Arachniodes grossa*				√
黑鳞复叶耳蕨	*Arachniodes nigrospinosa*				中国特有
斜基贯众	*Cyrtomium obliquum*				中国特有
两广鳞毛蕨	*Dryopteris liangkwangensis*		EN		
粗脉耳蕨	*Polystichum crassinervium*				中国特有
棕鳞肋毛蕨	*Ctenitis pseudorhodolepis*				中国特有
抱石莲	*Lemmaphyllum drymoglossoides*				中国特有
中华水龙骨	*Goniophlebium chinense*				中国特有，√
福建柏	*Fokienia hodginsii*	国家二级	VU		
百日青	*Podocarpus neriifolius*	国家二级	VU		
粗梗木莲	*Manglietia crassipes*	广西重点	CR		中国特有，√
深山含笑	*Michelia maudiae*				中国特有
小花八角	*Illicium micranthum*				中国特有
假地枫皮	*Illicium jiadifengpi*				中国特有
黑老虎	*Kadsura coccinea*		VU		
瓜馥木	*Fissistigma oldhamii*				中国特有
毛桂	*Cinnamomum appelianum*				中国特有
华南桂	*Cinnamomum austrosinense*				中国特有
广东厚壳桂	*Cryptocarya kwangtungensis*				中国特有，√
山橿	*Lindera reflexa*				中国特有
竹叶木姜子	*Litsea pseudoelongata*				中国特有

续表

中文名正名	拉丁名	保护等级	濒危等级	CITES 附录	其他
薄叶润楠	*Machilus leptophylla*				中国特有
鸭公树	*Neolitsea chui*				中国特有
大叶新木姜子	*Neolitsea levinei*				中国特有
羽脉新木姜子	*Neolitsea pinninervis*				中国特有
闽楠	*Phoebe bournei*	国家二级	VU	·	中国特有
白楠	*Phoebe neurantha*				中国特有
山木通	*Clematis finetiana*				中国特有
单叶铁线莲	*Clematis henryi*				中国特有
短萼黄连	*Coptis chinensis* var. *brevisepala*	国家二级			中国特有
蕨叶人字果	*Dichocarpum dalzielii*				中国特有
阴地唐松草	*Thalictrum umbricola*				中国特有
豪猪刺	*Berberis julianae*				中国特有
沈氏十大功劳	*Mahonia shenii*				中国特有
六角莲	*Dysosma pleiantha*	国家二级			中国特有
八角莲	*Dysosma versipellis*	国家二级			中国特有
尾叶那藤	*Stauntonia obovatifoliola* subsp. *urophylla*				中国特有
四川轮环藤	*Cyclea sutchuenensis*				中国特有
粉绿藤	*Pachygone sinica*				中国特有
金线吊乌龟	*Stephania cephalantha*	广西重点			中国特有
血散薯	*Stephania dielsiana*	广西重点	VU		中国特有
广防己	*Isotrema fangchi*	广西重点			中国特有
毛蒟	*Piper hongkongense*				中国特有
多穗金粟兰	*Chloranthus multistachys*				中国特有
深圆齿堇菜	*Viola davidii*				中国特有
柔毛堇菜	*Viola fargesii*				中国特有
亮毛堇菜	*Viola lucens*				中国特有
三角叶堇菜	*Viola triangulifolia*				中国特有
黄花倒水莲	*Polygala fallax*				中国特有
香港远志	*Polygala hongkongensis*				中国特有
曲江远志	*Polygala koi*				中国特有

续表

中文名正名	拉丁名	保护等级	濒危等级	CITES 附录	其他
大叶金牛	*Polygala latouchei*				中国特有
禾叶景天	*Sedum grammophyllum*				中国特有
凹叶景天	*Sedum emarginatum*				中国特有
中国繁缕	*Stellaria chinensis*				中国特有
金荞麦	*Fagopyrum dibotrys*	国家二级			
蓼子草	*Persicaria criopolitana*				中国特有
大箭叶蓼	*Persicaria senticosa* var. *sagittifolia*				中国特有
愉悦蓼	*Persicaria jucunda*				中国特有
湖南凤仙花	*Impatiens hunanensis*				中国特有
大旗瓣凤仙花	*Impatiens macrovexilla*				中国特有
长柱瑞香	*Daphne championii*				中国特有
北江荛花	*Wikstroemia monnula*				中国特有
网脉山龙眼	*Helicia reticulata*				中国特有
薄片海桐	*Pittosporum tenuivalvatum*				广西特有
广东西番莲	*Passiflora kwangtungensis*		VU		中国特有
罗汉果	*Siraitia grosvenorii*				中国特有
长萼栝楼	*Trichosanthes laceribractea*				中国特有
两广栝楼	*Trichosanthes reticulinervis*				中国特有
中华栝楼	*Trichosanthes rosthornii*				中国特有
紫背天葵	*Begonia fimbristipula*				中国特有
川杨桐	*Adinandra bockiana*				中国特有
两广杨桐	*Adinandra glischroloma*				中国特有
亮叶杨桐	*Adinandra nitida*				中国特有
心叶毛蕊茶	*Camellia cordifolia*				中国特有
突肋茶	*Camellia costata*				中国特有
贵州连蕊茶	*Camellia costei*				中国特有
秃房茶	*Camellia gymnogyna*				中国特有
短柱茶	*Camellia brevistyla*				中国特有，√
尖叶毛枒	*Eurya acuminatissima*				中国特有
尖萼毛枒	*Eurya acutisepala*				中国特有

续表

中文名正名	拉丁名	保护等级	濒危等级	CITES附录	其他
微毛柃	*Eurya hebeclados*				中国特有
贵州毛柃	*Eurya kueichowensis*				中国特有
细枝柃	*Eurya loquaiana*				中国特有
黑柃	*Eurya macartneyi*				中国特有
大果毛柃	*Eurya megatrichocarpa*		EN		
长毛柃	*Eurya patentipila*				中国特有
红褐柃	*Eurya rubiginosa*				中国特有
半齿柃	*Eurya semiserrulata*				中国特有
四角柃	*Eurya tetragonoclada*				中国特有
尖萼厚皮香	*Ternstroemia luteoflora*				中国特有
金花猕猴桃	*Actinidia chrysantha*	国家二级			中国特有
毛花猕猴桃	*Actinidia eriantha*				中国特有
条叶猕猴桃	*Actinidia fortunatii*	国家二级			
两广猕猴桃	*Actinidia liangguangensis*				中国特有
美丽猕猴桃	*Actinidia melliana*				中国特有
少花柏拉木	*Blastus pauciflorus*				中国特有
叶底红	*Bredia fordii*				中国特有
过路惊	*Tashiroea quadrangularis*				中国特有
短莛无距花	*Fordiophyton breviscapum*				中国特有
异药花	*Fordiophyton faberi*				中国特有
锦香草	*Phyllagathis cavaleriei*				中国特有
衡山金丝桃	*Hypericum hengshanense*				中国特有
黄麻叶扁担杆	*Grewia henryi*				中国特有
秃瓣杜英	*Elaeocarpus glabripetalus*				中国特有
褐毛杜英	*Elaeocarpus duclouxii*				中国特有
梵天花	*Urena procumbens*				中国特有
野桐	*Mallotus tenuifolius*				中国特有
厚叶鼠刺	*Itea coriacea*				中国特有
峨眉鼠刺	*Itea omeiensis*				中国特有
罗蒙常山	*Dichroa yaoshanensis*				中国特有

续表

中文名正名	拉丁名	保护等级	濒危等级	CITES 附录	其他
狭叶绣球	*Hydrangea lingii*				中国特有
野珠兰	*Stephanandra chinensis*				中国特有
厚齿石楠	*Photinia callosa*				中国特有
小叶石楠	*Photinia parvifolia*				中国特有
绒毛石楠	*Photinia schneideriana*				中国特有
软条七蔷薇	*Rosa henryi*				中国特有
毛萼蔷薇	*Rosa lasiosepala*				广西特有
白叶莓	*Rubus innominatus*				中国特有
五裂悬钩子	*Rubus lobatus*				中国特有
太平莓	*Rubus pacificus*				中国特有
少齿悬钩子	*Rubus paucidentatus*				中国特有
锈毛莓	*Rubus reflexus*				中国特有
阔裂叶龙须藤	*Phanera apertilobata*				中国特有
广西紫荆	*Cercis chuniana*				中国特有
香花鸡血藤	*Callerya dielsiana*				中国特有
亮叶鸡血藤	*Callerya nitida*				中国特有
藤黄檀	*Dalbergia hancei*			附录Ⅱ	中国特有
滇黔黄檀	*Dalbergia yunnanensis*			附录Ⅱ	中国特有
山豆根	*Euchresta japonica*	国家二级			
木荚红豆	*Ormosia xylocarpa*	国家二级			中国特有
软荚红豆	*Ormosia semicastrata*	国家二级			中国特有
花榈木	*Ormosia henryi*	国家二级	VU		
菱叶鹿藿	*Rhynchosia dielsii*				中国特有
瑞木	*Corylopsis multiflora*				中国特有
鳞毛蚊母树	*Distylium elaeagnoides*		VU		中国特有
壳菜果	*Mytilaria laosensis*		VU		
大叶黄杨	*Buxus megistophylla*				中国特有
米槠	*Castanopsis carlesii*				中国特有
厚皮锥	*Castanopsis chunii*				中国特有
甜槠	*Castanopsis eyrei*				中国特有

续表

中文名正名	拉丁名	保护等级	濒危等级	CITES附录	其他
栲	*Castanopsis fargesii*				中国特有
毛锥	*Castanopsis fordii*				中国特有
吊皮锥	*Castanopsis kawakamii*		VU		
苦槠	*Castanopsis sclerophylla*				中国特有
钩锥	*Castanopsis tibetana*				中国特有
褐叶青冈	*Quercus stewardiana*				中国特有
美叶柯	*Lithocarpus calophyllus*				中国特有
金毛柯	*Lithocarpus chrysocomus*				中国特有
硬壳柯	*Lithocarpus hancei*				中国特有
黑柯	*Lithocarpus melanochromus*		VU		中国特有
水仙柯	*Lithocarpus naiadarum*				中国特有
滑皮柯	*Lithocarpus skanianus*				中国特有
紫玉盘柯	*Lithocarpus uvariifolius*				中国特有
鼠刺叶柯	*Lithocarpus iteaphyllus*				中国特有
银毛叶山黄麻	*Trema nitida*				中国特有
白桂木	*Artocarpus hypargyreus*	广西重点	EN		中国特有
岩木瓜	*Ficus tsiangii*				中国特有
舌柱麻	*Archiboehmeria atrata*		VU		
硬毛楼梯草	*Elatostema hirtellum*				广西特有
长圆楼梯草	*Elatostema oblongifolium*				中国特有
钝齿楼梯草	*Elatostema obtusidentatum*				广西特有，√
华南赤车	*Pellionia grijsii*				中国特有
满树星	*Ilex aculeolata*				中国特有
矮冬青	*Ilex lohfauensis*				中国特有
广东冬青	*Ilex kwangtungensis*				中国特有
大果冬青	*Ilex macrocarpa*				中国特有
多核冬青	*Ilex polypyrena*				广西特有
毛冬青	*Ilex pubescens*				中国特有
四川冬青	*Ilex szechwanensis*				中国特有
绿冬青	*Ilex viridis*				中国特有

续表

中文名正名	拉丁名	保护等级	濒危等级	CITES 附录	其他
百齿卫矛	*Euonymus centidens*				中国特有
裂果卫矛	*Euonymus dielsianus*				中国特有
大果卫矛	*Euonymus myrianthus*				中国特有
短翅卫矛	*Euonymus rehderianus*				中国特有
无柄五层龙	*Salacia sessiliflora*				中国特有
华南青皮木	*Schoepfia chinensis*				中国特有
锈毛钝果寄生	*Taxillus levinei*				中国特有
大苞寄生	*Tolypanthus maclurei*				中国特有
杯茎蛇菰	*Balanophora subcupularis*				中国特有，√
山绿柴	*Rhamnus brachypoda*				中国特有
刺藤子	*Sageretia melliana*				中国特有
披针叶胡颓子	*Elaeagnus lanceolata*				中国特有
羽叶牛果藤	*Nekemias chaffanjonii*				中国特有
大叶牛果藤	*Nekemias megalophylla*				中国特有
异叶地锦	*Parthenocissus dalzielii*				中国特有
花叶地锦	*Parthenocissus henryana*				中国特有
闽赣葡萄	*Vitis chungii*				中国特有
狭叶葡萄	*Vitis tsoi*				中国特有
东南葡萄	*Vitis chunganensis*				中国特有
蘡薁	*Vitis bryoniifolia*				中国特有
红椿	*Toona ciliata*	国家二级	VU		
伯乐树	*Bretschneidera sinensis*	国家二级			
黔桂槭	*Acer chingii*				中国特有
中华槭	*Acer sinense*				中国特有
岭南槭	*Acer tutcheri*				中国特有
紫果槭	*Acer cordatum*				中国特有
腺毛泡花树	*Meliosma glandulosa*				中国特有
灰背清风藤	*Sabia discolor*				中国特有
平伐清风藤	*Sabia dielsii*				中国特有
锐尖山香圆	*Turpinia arguta*				中国特有

续表

中文名正名	拉丁名	保护等级	濒危等级	CITES 附录	其他
小花八角枫	*Alangium faberi*				中国特有
喜树	*Camptotheca acuminata*				中国特有
秀丽楤木	*Aralia debilis*				中国特有
长刺楤木	*Aralia spinifolia*				中国特有
变叶树参	*Dendropanax proteus*				中国特有
星毛鸭脚木	*Heptapleurum minutistellatum*				中国特有
南岭前胡	*Peucedanum longshengense*				中国特有
前胡	*Peucedanum praeruptorum*				中国特有
齿缘吊钟花	*Enkianthus serrulatus*				中国特有
细瘦杜鹃	*Rhododendron tenue*				广西特有
多花杜鹃	*Rhododendron cavaleriei*				中国特有
贵定杜鹃	*Rhododendron fuchsiifolium*				中国特有
大橙杜鹃	*Rhododendron dachengense*				广西特有
云锦杜鹃	*Rhododendron fortunei*				中国特有
弯蒴杜鹃	*Rhododendron henryi*				中国特有
广东杜鹃	*Rhododendron rivulare* var. *kwangtungense*				中国特有
临桂杜鹃	*Rhododendron linguiense*				广西特有
小花杜鹃	*Rhododendron minutiflorum*				中国特有
头巾马银花	*Rhododendron mitriforme*		VU		中国特有
腺刺马银花	*Rhododendron mitriforme* var. *setaceum*				广西特有
多毛杜鹃	*Rhododendron polytrichum*				中国特有
锦绣杜鹃	*Rhododendron × pulchrum*				中国特有
粘芽杜鹃	*Rhododendron viscigemmatum*				广西特有
武鸣杜鹃	*Rhododendron wumingense*		VU		广西特有
短尾越橘	*Vaccinium carlesii*				中国特有
黄背越橘	*Vaccinium iteophyllum*				中国特有
延平柿	*Diospyros tsangii*				中国特有
九管血	*Ardisia brevicaulis*				中国特有
少年红	*Ardisia alyxiifolia*				中国特有

续表

中文名正名	拉丁名	保护等级	濒危等级	CITES 附录	其他
短序杜茎山	*Maesa brevipaniculata*				中国特有
陀螺果	*Melliodendron xylocarpum*				中国特有
白辛树	*Pterostyrax psilophyllus*				中国特有
银钟花	*Perkinsiodendron macgregorii*	广西重点			中国特有
赛山梅	*Styrax confusus*				中国特有
白花龙	*Styrax faberi*				中国特有
芬芳安息香	*Styrax odoratissimus*				中国特有
皱果安息香	*Styrax rhytidocarpus*				中国特有
腺柄山矾	*Symplocos adenopus*				中国特有
醉鱼草	*Buddleja lindleyana*				中国特有
野迎春	*Jasminum mesnyi*				中国特有
华素馨	*Jasminum sinense*				中国特有
华女贞	*Ligustrum lianum*				中国特有
链珠藤	*Alyxia sinensis*				中国特有
毛杜仲藤	*Urceola huaitingii*				中国特有
朱砂藤	*Cynanchum officinale*				中国特有
黑鳗藤	*Jasminanthes mucronata*				中国特有
云南黑鳗藤	*Jasminanthes saxatilis*				中国特有
大花帘子藤	*Pottsia grandiflora*				中国特有
清远耳草	*Hedyotis assimilis*				中国特有
剑叶耳草	*Hedyotis caudatifolia*				中国特有
华南粗叶木	*Lasianthus austrosinensis*		EN		中国特有
栗色巴戟	*Morinda badia*				中国特有
巴戟天	*Morinda officinalis*	国家二级	VU		中国特有
华腺萼木	*Mycetia sinensis*				中国特有
白毛鸡屎藤	*Paederia pertomentosa*				中国特有
尖萼乌口树	*Tarenna acutisepala*				中国特有
华南乌口树	*Tarenna austrosinensis*				中国特有，√
皱叶忍冬	*Lonicera reticulata*				中国特有
南方荚蒾	*Viburnum fordiae*				中国特有

续表

中文名正名	拉丁名	保护等级	濒危等级	CITES 附录	其他
蝶花荚蒾	*Viburnum hanceanum*				中国特有
常绿荚蒾	*Viburnum sempervirens*				中国特有
茶荚蒾	*Viburnum setigerum*				中国特有
纤枝兔儿风	*Ainsliaea gracilis*				中国特有
粗齿兔儿风	*Ainsliaea grossedentata*				中国特有
长穗兔儿风	*Ainsliaea henryi*				中国特有
奇蒿	*Artemisia anomala*				中国特有
琴叶紫菀	*Aster panduratus*				中国特有
台北艾纳香	*Blumea formosana*				中国特有
短冠东风菜	*Aster marchandii*				中国特有
黑花假福王草	*Paraprenanthes melanantha*				中国特有
广西蒲儿根	*Sinosenecio guangxiensis*				广西特有
褐柄合耳菊	*Synotis fulvipes*				中国特有
福建蔓龙胆	*Crawfurdia pricei*				中国特有
五岭龙胆	*Gentiana davidii*				中国特有
广西龙胆	*Gentiana kwangsiensis*				中国特有
流苏龙胆	*Gentiana panthaica*				中国特有
广西过路黄	*Lysimachia alfredii*				中国特有
白花过路黄	*Lysimachia huitsunae*		VU		中国特有，√
岭南来江藤	*Brandisia swinglei*				中国特有
坚挺母草	*Lindernia stricta*				广西特有
江西马先蒿	*Pedicularis kiangsiensis*		VU		中国特有
钩突挖耳草	*Utricularia warburgii*				中国特有
长瓣马铃苣苔	*Oreocharis auricula*				中国特有
姑婆山马铃苣苔	*Oreocharis tetraptera*				广西特有
华南半蒴苣苔	*Hemiboea follicularis*				中国特有
广东爵床	*Justicia lianshanica*				中国特有
薄叶马蓝	*Strobilanthes labordei*				中国特有
老鸦糊	*Callicarpa giraldii*				中国特有
全缘叶紫珠	*Callicarpa integerrima*				中国特有

中文名正名	拉丁名	保护等级	濒危等级	CITES 附录	其他
广东紫珠	*Callicarpa kwangtungensis*				中国特有
尖萼紫珠	*Callicarpa loboapiculata*				中国特有
长柄紫珠	*Callicarpa longipes*				中国特有
钩毛紫珠	*Callicarpa peichieniana*				中国特有
黄药豆腐柴	*Premna cavaleriei*				中国特有
灯笼草	*Clinopodium polycephalum*				中国特有
出蕊四轮香	*Hanceola exserta*				中国特有
大萼香茶菜	*Isodon macrocalyx*				中国特有
南方香简草	*Keiskea australis*				中国特有
华西龙头草	*Meehania fargesii*				中国特有
龙头草	*Meehania henryi*				中国特有
白毛假糙苏	*Paraphlomis albida*				中国特有
长苞刺蕊草	*Pogostemon chinensis*				中国特有
铁线鼠尾草	*Salvia adiantifolia*				中国特有
贵州鼠尾草	*Salvia cavaleriei*				中国特有
两广黄芩	*Scutellaria subintegra*				中国特有
地蚕	*Stachys geobombycis*				中国特有
大柱霉草	*Sciaphila secundiflora*				√
丛生蜘蛛抱蛋	*Aspidistra caespitosa*				中国特有
贺州蜘蛛抱蛋	*Aspidistra hezhouensis*				中国特有
开口箭	*Rohdea chinensis*				中国特有
白丝草	*Chamaelirium chinensis*				中国特有
野百合	*Lilium brownii*				中国特有
连药沿阶草	*Ophiopogon bockianus*				中国特有
狭叶沿阶草	*Ophiopogon stenophyllus*				中国特有
多花黄精	*Polygonatum cyrtonema*				中国特有
牯岭藜芦	*Veratrum schindleri*				中国特有
丫蕊花	*Ypsilandra thibetica*				中国特有
华重楼	*Paris polyphylla* var. *chinensis*	国家二级	VU		
单苞鸢尾	*Iris anguifuga*				中国特有

续表

中文名正名	拉丁名	保护等级	濒危等级	CITES附录	其他
小花鸢尾	*Iris speculatrix*				中国特有
山薯	*Dioscorea fordii*				中国特有
光叶薯蓣	*Dioscorea glabra*		VU		
柳叶薯蓣	*Dioscorea linearicordata*		EN		
褐苞薯蓣	*Dioscorea persimilis*		EN		
毛胶薯蓣	*Dioscorea subcalva*		EN		中国特有
露兜草	*Pandanus austrosinensis*				中国特有
头花水玉簪	*Burmannia championii*				√
金线兰	*Anoectochilus roxburghii*	国家二级	EN	附录Ⅱ	
浙江金线兰	*Anoectochilus zhejiangensis*	国家二级	EN	附录Ⅱ	中国特有
无叶兰	*Aphyllorchis montana*	广西重点		附录Ⅱ	
瘤唇卷瓣兰	*Bulbophyllum japonicum*	广西重点		附录Ⅱ	
广东石豆兰	*Bulbophyllum kwangtungense*	广西重点		附录Ⅱ	中国特有
齿瓣石豆兰	*Bulbophyllum levinei*	广西重点		附录Ⅱ	
翘距虾脊兰	*Calanthe aristulifera*	广西重点		附录Ⅱ	
剑叶虾脊兰	*Calanthe davidii*	广西重点		附录Ⅱ	
乐昌虾脊兰	*Calanthe lechangensis*	广西重点	EN	附录Ⅱ	中国特有，√
反瓣虾脊兰	*Calanthe reflexa*	广西重点		附录Ⅱ	
异大黄花虾脊兰	*Calanthe sieboldopsis*	广西重点		附录Ⅱ	
细花虾脊兰	*Calanthe mannii*	广西重点		附录Ⅱ	
金兰	*Cephalanthera falcata*	广西重点		附录Ⅱ	
银兰	*Cephalanthera erecta*	广西重点		附录Ⅱ	
台湾吻兰	*Collabium formosanum*	广西重点		附录Ⅱ	
建兰	*Cymbidium ensifolium*	国家二级	VU	附录Ⅱ	
多花兰	*Cymbidium floribundum*	国家二级	VU	附录Ⅱ	
春兰	*Cymbidium goeringii*	国家二级	VU	附录Ⅱ	
寒兰	*Cymbidium kanran*	国家二级	VU	附录Ⅱ	
兔耳兰	*Cymbidium lancifolium*	广西重点		附录Ⅱ	
重唇石斛	*Dendrobium hercoglossum*	广西重点		附录Ⅱ	
钳唇兰	*Erythrodes blumei*	广西重点		附录Ⅱ	

续表

中文名正名	拉丁名	保护等级	濒危等级	CITES 附录	其他
春天麻	*Gastrodia fontinalis*	广西重点		附录Ⅱ	
北插天天麻	*Gastrodia peichatieniana*	广西重点		附录Ⅱ	
多叶斑叶兰	*Goodyera foliosa*	广西重点		附录Ⅱ	
光萼斑叶兰	*Goodyera henryi*	广西重点	VU	附录Ⅱ	
斑叶兰	*Goodyera schlechtendaliana*	广西重点		附录Ⅱ	
开宝兰	*Eucosia viridiflora*	广西重点		附录Ⅱ	
毛莛玉凤花	*Habenaria ciliolaris*	广西重点		附录Ⅱ	
丝裂玉凤花	*Habenaria polytricha*	广西重点		附录Ⅱ	√
橙黄玉凤花	*Habenaria rhodocheila*	广西重点		附录Ⅱ	
镰翅羊耳蒜	*Liparis bootanensis*	广西重点		附录Ⅱ	
长苞羊耳蒜	*Liparis inaperta*	广西重点	CR	附录Ⅱ	中国特有
见血青	*Liparis nervosa*	广西重点		附录Ⅱ	
西南齿唇兰	*Odontochilus elwesii*	广西重点		附录Ⅱ	
齿爪齿唇兰	*Odontochilus poilanei*	广西重点		附录Ⅱ	
广东齿唇兰	*Odontochilus guangdongensis*	广西重点		附录Ⅱ	
狭穗阔蕊兰	*Peristylus densus*	广西重点		附录Ⅱ	
黄花鹤顶兰	*Phaius flavus*	广西重点		附录Ⅱ	
福建舌唇兰	*Platanthera fujianensis*	广西重点		附录Ⅱ	
小舌唇兰	*Platanthera minor*	广西重点		附录Ⅱ	
独蒜兰	*Pleione bulbocodioides*	国家二级		附录Ⅱ	中国特有
白肋菱兰	*Rhomboda tokioi*	广西重点		附录Ⅱ	
苞舌兰	*Spathoglottis pubescens*	广西重点		附录Ⅱ	
香港绶草	*Spiranthes hongkongensis*	广西重点		附录Ⅱ	
带唇兰	*Tainia dunnii*	广西重点		附录Ⅱ	中国特有，√
长轴白点兰	*Thrixspermum saruwatarii*	广西重点		附录Ⅱ	中国特有，√
阔叶竹茎兰	*Tropidia angulosa*	广西重点		附录Ⅱ	
绿叶线柱兰	*Zeuxine agyokuana*	广西重点		附录Ⅱ	√
宽叶线柱兰	*Zeuxine affinis*	广西重点		附录Ⅱ	√
长梗薹草	*Carex glossostigma*				中国特有
贺州薹草	*Carex hezhouensis*				广西特有

续表

中文名正名	拉丁名	保护等级	濒危等级	CITES 附录	其他
广西薹草	*Carex kwangsiensis*				广西特有
似柔果薹草	*Carex submollicula*				中国特有
藏薹草	*Carex thibetica*				中国特有
箬叶竹	*Indocalamus longiauritus*				中国特有
苦竹	*Pleioblastus amarus*				中国特有
篲竹	*Pseudosasa hindsii*				中国特有
摆竹	*Indosasa shibataeoides*				中国特有
抽筒竹	*Gelidocalamus tessellatus*		VU		中国特有

注：√表示在《广西本土植物及其濒危状况》中评估为极危和濒危等级的物种，中国特有和广西特有表示在中国或广西内狭限分布的物种，此处的中国特有并不含广西特有部分。

第三节　国家重点保护野生植物

姑婆山自然保护区有国家重点保护野生植物 30 种，隶属 17 科 21 属，占姑婆山自然保护区珍稀濒危野生植物种数的 7.4%，均为国家二级重点保护野生植物，分别为长柄石杉、华南马尾杉、福建观音座莲、金毛狗、大叶黑桫椤、桫椤、福建柏、百日青、闽楠、短萼黄连、六角莲、八角莲、金荞麦、金花猕猴桃、条叶猕猴桃、山豆根、木荚红豆、软荚红豆、花榈木、红椿、伯乐树、巴戟天、华重楼、金线兰、浙江金线兰、建兰、多花兰、春兰、寒兰、独蒜兰。

在上述 30 种国家重点保护野生植物中，属中国特有的有 11 种，列入 CITES 附录Ⅱ的有 10 种；在《中国生物多样性红色名录》中列为濒危（EN）的有 3 种、易危（VU）的有 11 种。

第四节　广西重点保护野生植物

姑婆山自然保护区有广西重点保护野生植物 49 种，隶属 7 科 30 属，占姑婆山自然保护区珍稀濒危野生植物种数的 12.1%，均为被子植物。

在广西重点保护野生植物中，属中国特有的有 11 种，列入 CITES 附录Ⅱ的有 43 种，在《中国生物多样性红色名录》中列为极危（CR）的有 2 种、濒危（EN）的有 2 种、易危（VU）的有 2 种。

第五节　《濒危野生动植物种国际贸易公约》附录物种

在姑婆山自然保护区珍稀濒危野生植物中，列入 CITES 附录的植物有 55 种，占姑婆山自然保护区珍稀濒危野生植物种数的 13.6%，隶属 4 科 29 属。其中，蕨类植物 2 种，被子植物 53 种。

在 CITES 附录收录的物种中，属中国特有的有 9 种，国家重点保护野生植物有 10 种，广西重点保护野生植物有 43 种，在《中国生物多样性红色名录》中列为极危（CR）的有 1 种、濒危（EN）的有 3 种、易危（VU）的有 5 种。

第六节　《中国生物多样性红色名录》列为易危及以上等级的物种

在姑婆山自然保护区珍稀濒危野生植物中，在《中国生物多样性红色名录》中列为易危及以上等级的物种有 39 种，隶属 24 科 31 属。其中，极危（CR）2 种，濒危（EN）11 种，易危（VU）26 种。

在《中国生物多样性红色名录》中列为易危及以上的珍稀濒危植物中，属中国特有和广西特有的分别有 17 种和 1 种，国家重点保护野生植物有 14 种，广西重点保护野生植物有 6 种，列入 CITES 附录的植物有 9 种。

第七节　其他珍稀濒危植物

其他珍稀濒危植物主要收录自《广西本土植物及其濒危状况》中评估为极危和濒危等级的物种、中国特有和广西特有的物种等，共 342 种，占自然保护区珍稀濒危野生植物种数的 84.4%。其中，列入《广西本土植物及其濒危状况》的有 20 种（含特有植物 12 种）；属中国特有和广西特有的植物分别有 318 种和 16 种，隶属 91 科 196 属。其中，蕨类植物 16 种，被子植物 318 种。

各论

长柄石杉 *Huperzia javanica* (Sw.) Fraser-Jenk.

石杉属 *Huperzia* Bernh.

▶ 国家二级重点保护野生植物

俗　　名：千层塔、蛇足石松

识别要点：土生草本。茎直立，等二叉分枝。不育叶疏生，平伸，阔椭圆形至倒披针形，基部明显变窄，长 10~25 毫米，宽 2~6 毫米，叶柄长 1~5 毫米；孢子叶稀疏，平伸或稍反卷，椭圆形至披针形，长 7~15 毫米，宽 1.5~3.5 毫米。

生　　境：生于林下、灌木丛中、路边。

用　　途：全株（千层塔）药用；味苦、涩，性凉，有毒；具有散瘀消肿、止血生肌、麻醉镇痛、杀虱的功效。

其　　他：在《中国生物多样性红色名录》中被评为濒危（EN）等级。

华南马尾杉　*Phlegmariurus austrosinicus* (Ching) Li Bing Zhang

马尾杉属　*Phlegmariurus* Herter

▶ 国家二级重点保护野生植物

俗　　　名：华南石杉

识别要点：中型附生蕨类植物。茎簇生；成熟枝下垂，二回至多回二叉分枝，长 20~70 厘米；主茎直径约 5 毫米，枝连同叶共宽 2.5~3.3 厘米。叶螺旋状排列；营养叶平展或斜向上展开，革质，椭圆形，长约 1.4 厘米，先端钝圆，边缘全缘，基部楔形，下延，具明显的柄，有光泽，中脉明显；孢子叶椭圆状披针形，排列稀疏，边缘全缘，中脉明显。孢子囊生在孢子叶腋，肾形，2 瓣开裂，黄色；孢子囊穗顶生。

生　　　境：附生于林下岩石上。

其　　　他：中国特有植物。

福建观音座莲　*Angiopteris fokiensis* Hieron.

观音座莲属　*Angiopteris* Hoffm.

▶ 国家二级重点保护野生植物

俗　　　名：牛蹄劳、马蹄蕨、马蹄萁

识别要点：高大草本，高 1.5 米以上。根茎块状，直立，下面簇生圆柱形粗根。叶柄粗壮，干后褐色，长约 50 厘米；叶片宽广，宽卵形，长与宽均 60 厘米以上；羽片 5~7 对，互生，奇数羽状；小羽片 35~40 对，对生或互生，具短柄；叶脉展开，无倒行假脉；叶片草质，腹面绿色，背面淡绿色，两面均光滑；叶轴干后淡褐色，光滑，腹部具纵沟。孢子囊群棕色，长圆形，彼此接近，由 8~10 个孢子囊组成。

生　　　境：生于林下溪边、沟边。

用　　　途：可用作观叶植物。块茎可提取淀粉。根茎（马蹄蕨）药用；味淡、微甘，性凉；具有清热解毒、疏风散瘀、凉血止血、安神的功效。

金毛狗 *Cibotium barometz* (L.) J. Sm.

金毛狗属 *Cibotium* Kaulf.

▶ 国家二级重点保护野生植物

俗　　名：金毛狗脊、金毛狮子

识别要点：大型草本。根茎卧生，粗大，顶端生出一丛大叶。叶柄长可达 120 厘米，粗 2~3 厘米，棕褐色，基部被一大丛垫状的金黄色茸毛，长逾 10 厘米，有光泽，上部光滑；叶片大，长可达 180 厘米，广卵状三角形，三回羽状分裂；叶近革质或厚纸质，干后腹面褐色，有光泽，背面灰白色或灰蓝色，两面均光滑。孢子囊群在每一末回能育裂片 1~5 对，生于下部的小脉顶端；囊群盖坚硬，棕褐色，横长圆形，两瓣状，内瓣较外瓣小，熟时张开如蚌壳，露出孢子囊群。

生　　境：生于山麓沟边、林下阴处酸性土上。

用　　途：根茎（狗脊）药用；味苦、甘，性温；具有补肝肾、强腰脊、祛风湿的功效。

大叶黑桫椤 *Alsophila gigantea* Wall. ex Hook.

桫椤属 *Alsophila* R. Br.

▶ 国家二级重点保护野生植物

俗　　名：大黑桫椤、大桫椤、多脉黑桫椤

识别要点：乔木状蕨类植物，高2~5米，具主干，直径可达20厘米。叶片大，长可达3米；叶柄长1米多，乌木色，基部、腹面密被棕黑色鳞片；鳞片条形，长可达2厘米，平展；叶片三回羽裂，叶轴下部乌木色，粗糙，向上渐棕色而光滑；叶脉在背面可见，小脉6~7对，有时多达10对，单一，基部下侧叶脉多出自小羽轴；叶片厚纸质，两面均无毛。孢子囊群位于主脉与叶缘之间，排列成V形，无囊群盖，隔丝与孢子囊等长。

生　　境：生于溪边、沟边的密林下。

用　　途：茎药用，具有祛风除湿、活血止痛的功效。

桫椤 *Alsophila spinulosa* (Wall. ex Hook.) R. M. Tryon

桫椤属　*Alsophila* R. Br.　　　　　　　　　　▶ 国家二级重点保护野生植物

俗　　名：刺桫椤、山蟒蟷、龙骨风

识别要点：乔木状蕨类植物。茎高可达 6 米或更高。叶螺旋状排列于茎顶端；茎段端、拳卷叶及叶柄基部密被鳞片和糠秕状鳞毛；鳞片暗棕色，有光泽，狭披针形，先端呈褐棕色刚毛状，两侧具窄而色淡的啮齿状薄边；叶柄连同叶轴和羽轴具刺状突起；叶片大，三回羽状深裂；羽片 17~20 对，互生，基部一对缩短。孢子囊群生于侧脉分叉处，靠近中脉，具隔丝，囊托突起；囊群盖球形，膜质。

生　　境：生于溪边岩石上、田边。

用　　途：具有重要的科研价值。是价值极高的园艺观赏植物。茎药用，具有祛风除湿、活血化瘀、清热止咳等功效。

金粉背蕨　*Aleuritopteris chrysophylla* (Hook.) Ching

粉背蕨属　*Aleuritopteris* Fee

识别要点：草本，高 5~15 厘米。根茎短而直立，顶端密被线状披针形或披针形的深棕色鳞片。叶簇生；叶柄长，疏被线状披针形鳞片；叶片卵状三角形，二回羽裂；侧生羽片 3~4 对，基部一对羽片最大，一回羽状深裂；小羽片 3~4 对，互生。孢子囊群由少数孢子囊组成；囊群盖膜质，棕色，边缘浅波状；孢子囊大，圆球形；孢子圆球形，周壁近光滑。

生　　境：生于山地岩石上。

其　　他：在《广西本土植物及其濒危状况》中被评为极危（CR）等级。

中华隐囊蕨　*Cheilanthes chinensis* (Baker) Domin

碎米蕨属　*Cheilanthes* Sw.

识别要点：草本，高可达 25 厘米。根茎横走，密被鳞片；鳞片小，钻状披针形。叶远生或近生；叶片长圆状披针形或披针形，二回羽状或二回羽裂；羽片 10~20 对；叶片纸质，柔软，干后腹面褐绿色，疏被淡棕色柔毛，背面密被棕黄色厚茸毛。孢子囊群生于小脉顶端，由少数孢子囊组成，隐没于茸毛中；熟时略可见。

生　　境：生于岩缝中。

用　　途：全株药用，用于治疗痢疾。

其　　他：中国特有植物。

美丽凤了蕨 *Coniogramme venusta* **Ching ex K. H. Shing**

凤了蕨属 *Coniogramme* Fee

俗　　名：美丽凤丫蕨

识别要点：草本，高 0.7~1.2 米。叶柄长 30~50 厘米，淡禾秆色；叶片二回羽状；侧生羽片 4~7 对，基部一对最大；第二对羽片三出或单一；第三对羽片披针形，尾状渐尖或多少急尖，具短柄；顶生羽片较其下一对大，基部不对称，一侧叉裂出 1 片小羽片，羽片和小羽片边缘具疏的矮钝齿；侧脉顶端的水囊纺锤形，伸达齿基部；叶片干后草质，腹面褐绿色，背面灰绿色，两面均无毛。孢子囊群沿侧脉的 3/4 分布。

生　　境：生于溪边杂木林下。

其　　他：中国特有植物。

全缘网蕨 *Deparia formosana* (Rosenst.) R. Sano

对囊蕨属 *Deparia* Hook. & Grev.

俗　　名：全缘对囊蕨

识别要点：草本。根茎顶端被褐色阔披针形鳞片。叶柄青灰色，基部被与根茎上同样的鳞片；小龄植株的能育叶为深羽裂单叶，叶片长三角形，基部心形；充分成长的植株能育叶椭圆形，长可达45厘米；叶片两面几乎光滑，仅叶轴两面、主脉背面中部以下及腹面近基部疏生锈黄色短节毛及蠕虫状或粗毛状小鳞片。孢子囊群长短不等，在主脉两侧排列成不规则的1~3行，生于每组小脉基部上出一脉的多为双盖蕨型；囊群盖熟时褐色，狭长。

生　　境：生于山谷林下。

其　　他：中国特有植物。在《广西本土植物及其濒危状况》中被评为濒危（EN）等级。

独山短肠蕨 *Diplazium dushanense* (Ching ex W. M. Chu & Z. R. He) R. Wei & X. C. Zhang

双盖蕨属 *Diplazium* Sw.

俗　　名：独山双盖蕨

识别要点：常绿中小型草本。根茎斜升，具肉质褐色须根，先端密被鳞片；鳞片披针形，边缘全缘。叶簇生；能育叶叶柄基部疏被披针形褐色鳞片，腹面具浅纵沟；叶片卵状三角形或近三角形，侧生羽片6~10对，互生，边缘具小牙状疏浅齿；叶片草质，干后灰绿色，两面均光滑；叶轴绿禾秆色，光滑，腹面具浅纵沟。孢子囊群线形，每裂片上具2~5对，基部上侧一条通常双生；囊群盖线形，褐色，厚膜质，边缘全缘，宿存。孢子半圆形，周壁明显，具少数褶皱。

生　　境：生于山地林下、岩缝中。

其　　他：中国特有植物。

中华复叶耳蕨 *Arachniodes chinensis* (Rosenst.) Ching

复叶耳蕨属　*Arachniodes* Blume

俗　　　名：贯众叶复叶耳蕨、镰羽复叶耳蕨、近肋复叶耳蕨

识别要点：草本，高 40~65 厘米。叶柄长，基部密被棕褐色、线状钻形、顶部毛髯状鳞片，向上连同叶轴被相当多的黑褐色、线状钻形小鳞片；叶片卵状三角形，二回羽状或三回羽状；羽片 8 对，羽状或二回羽状；小羽片约 25 对，互生；叶的羽轴背面被相当多的黑褐色线状钻形、基部棕色阔圆形小鳞片。孢子囊群每小羽片 5~8 对（耳片 3~5 枚），夹于中脉与叶边之间；囊群盖棕色，近革质，脱落。

生　　　境：生于山地杂木林下。

其　　　他：中国特有植物。

粗裂复叶耳蕨　*Arachniodes grossa* (Tardieu & C. Chr.) Ching

复叶耳蕨属　*Arachniodes* Blume

　　识别要点：草本，高 1 米多。叶柄长 48~57 厘米，基部密被黄色、线状披针形、卷曲的鳞片，柔软，垫状；叶片卵状三角形，二回羽状；羽状羽片 6~7 对，互生，具柄，斜展；叶片干后纸质，棕色，光滑，叶轴和羽轴背面略被褐棕色、钻形小鳞片。孢子囊群生于小脉顶端，每裂片或齿下 2~3 对，在中脉两侧各排成 2~3 行；囊群盖暗棕色，纸质，脱落。

　　生　　境：生于山地林下。

　　其　　他：在《广西本土植物及其濒危状况》中被评为极危（CR）等级。

粗脉耳蕨　*Polystichum crassinervium* Ching ex W. M. Chu & Z. R. He

耳蕨属　*Polystichum* Roth

　　识别要点：草本，高可达 60 厘米。根茎斜升，连同叶柄基部直径共 1.5~3 厘米，顶端及叶柄基部密被厚膜质鳞片。叶少数，簇生；叶柄浅绿禾秆色，腹面具沟槽；叶片狭长椭圆状披针形，一回羽状；羽片 20~50 对，互生或近对生。孢子囊群小，在羽片主脉两侧各有 1 行，上侧较多，中生或较接近边缘，生于较短的小脉顶端，有时仅羽片顶部能育；圆盾形的囊群盖棕色，边缘浅啮蚀状或具疏钝齿，少见撕裂状。

　　生　　境：生于丘陵阴处的岩缝中。

　　其　　他：中国特有植物。

抱石莲 *Lemmaphyllum drymoglossoides* (Baker) Ching

伏石蕨属 *Lemmaphyllum* C. Presl

识别要点：草本。根茎细长，横走，被钻状、具齿的棕色披针形鳞片。叶远生，相距 1.5~5 厘米，二型；不育叶长圆形至卵形，长 1~2 厘米或稍长，圆头或钝圆头，基部楔形，边缘全缘，几乎无柄；能育叶肉质，干后革质，舌状或倒披针形，长 3~6 厘米，有时与不育叶同形，腹面光滑，背面疏被鳞片，几乎无柄或具短柄。孢子囊群圆形，沿主脉两侧各有 1 行，位于主脉与叶边之间。

生　　境：附生于阴湿的树干和岩石上。

用　　途：全株药用，具有凉血解毒的功效，用于治疗瘰疬等。

其　　他：中国特有植物。

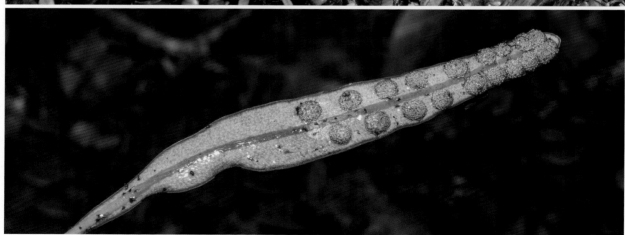

福建柏 *Fokienia hodginsii* (Dunn) A. Henry & H. H. Thomas

福建柏属　*Fokienia* A. Henry & H. H. Thomas　　　▶ 国家二级重点保护野生植物

俗　　　名：滇福建柏、广柏、滇柏、建柏

识别要点：乔木，高可达 17 米。树皮紫褐色，平滑。生鳞叶的小枝扁平，排成一个平面；2~3 年生枝褐色，光滑，圆柱形。鳞叶 2 对交叉对生成节状，生于幼树或萌芽枝上的中央叶楔状倒披针形，两侧具凹陷的白色气孔带。小孢子叶球近球形。球果近球形。种子顶端尖，具 3~4 条棱。花期 3~4 月，种子翌年 10~11 月成熟。

生　　　境：生于温暖湿润的山地林中。

用　　　途：可作建筑、桥梁、家具等用材，亦可用作造林树种。

其　　　他：在《中国生物多样性红色名录》中被评为易危（VU）等级。

百日青　*Podocarpus neriifolius* **D. Don**

罗汉松属　*Podocarpus* L'Hér. ex Pers.

▶ 国家二级重点保护野生植物

俗　　名：脉叶罗汉松、大叶竹柏松、白松、油松、竹柏松、璎珞柏、桃柏松、竹叶松

识别要点：乔木，高可达 25 米。树皮灰褐色，薄纤维质，呈片状纵裂。枝条展开或斜展。叶螺旋状着生；叶片厚革质，披针形，常微弯，具短柄；中脉在腹面隆起，在背面微隆起或近平。小孢子叶球穗状，单生或 2~3 个簇生，长 2.5~5 厘米，总梗较短，基部具多数螺旋状排列的苞片。种子卵球形，长 8~16 毫米，顶端圆或钝，熟时肉质假种皮紫红色，种托肉质、橙红色，梗长 9~22 毫米。花期 5 月，种子 10~11 月成熟。

生　　境：生于山地。

用　　途：可作家具、乐器、文具、雕刻品等用材，亦可用作庭园树种。

其　　他：在《中国生物多样性红色名录》中被评为易危（VU）等级。

假地枫皮　*Illicium jiadifengpi* B. N. Chang

八角属　*Illicium* L.

俗　　　名：百山祖八角

识别要点：乔木，高可达 20 米。树皮黑褐色，剥下为板块状，非卷筒状。芽卵形，芽鳞卵形或披针形，被短缘毛。叶常 3~5 片聚生于小枝近顶端；叶片狭椭圆形或长椭圆形；中脉在腹面明显突起，侧脉 5~8 对斜展，在两面平坦或稍突起。花白色或带浅黄色，腋生或近顶生。果直径 3~4 厘米；蓇葖 12~14 个，顶端具向上弯曲的尖头，长 3~5 毫米。种子长约 8 毫米，浅黄色。花期 3~5 月，果期 8~10 月。

生　　　境：生于山顶、山腰的林中。

用　　　途：有毒，是地枫皮的伪品。

其　　　他：在 APG Ⅳ 分类系统中置于五味子科 Schisandraceae。中国特有植物。

毛桂　*Cinnamomum appelianum* **Schewe**

桂属　*Cinnamomum* Schaeff.

俗　　　名：假桂皮、三条筋、山桂枝、香沾树、土肉桂、香桂子、山桂皮

识别要点：小乔木，高 4~6 米。树皮灰褐色或橄榄绿色。极多分枝，分枝对生；芽狭卵圆形，锐尖，芽鳞覆瓦状排列，革质，褐色，密被污黄色硬毛状茸毛。叶互生或近对生；叶片椭圆形、椭圆状披针形至卵形或卵状椭圆形。圆锥花序生于当年生枝条基部叶腋内，大多明显短于叶；花白色，极密，被黄褐色微硬毛状微柔毛或柔毛。花期 4~6 月，果期 6~8 月。

生　　　境：生于山地灌木丛中、疏林中。

用　　　途：树皮可代肉桂入药。木材可作一般用材，亦可用作造纸材料。

其　　　他：中国特有植物。

广东厚壳桂 *Cryptocarya kwangtungensis* Hung T. Chang

厚壳桂属 *Cryptocarya* R. Br.

识别要点：乔木，高可达 7 米。老枝秃净，嫩枝被褐色短柔毛。叶片革质，长椭圆形，先端锐尖或略钝，基部阔楔形，稍不对称，腹面绿色且有光泽，背面嫩时被黄褐色短柔毛，后秃净，带灰白色；侧脉 6~7 对，在腹面不明显，在背面略突起，网脉在两面均不明显。圆锥花序或总状花序顶生及腋生，被黄褐色短柔毛；花细小，被短柔毛；花梗极短；花被裂片比花被筒略长；雄蕊内藏；子房被微毛。果球形，初时被柔毛，后秃净。果期 7 月。

生　　境：生于山谷密林中。

其　　他：中国特有植物。在《广西本土植物及其濒危状况》中被评为极危（CR）等级。

竹叶木姜子 *Litsea pseudoelongata* **H. Liu**

木姜子属　*Litsea* Lam.

俗　　　名：山古羊、柳叶樟、竹叶松、李氏木姜子、大武山木姜子

识别要点：常绿小乔木，高可达 10 米。树皮褐色。幼枝灰褐色，被灰色柔毛；顶芽卵圆形，鳞片外面被丝状短柔毛。叶互生；叶片宽条形，长 7~12 厘米；羽状脉，侧脉 15~20 对，中脉在腹面凹陷，在背面突起。伞形花序常 3~5 个簇生于枝顶叶腋短枝上；苞片 4~5 枚；每个雄花序具 4 朵花；花梗短，被柔毛；花被裂片 6 枚，有时 4 枚或 8 枚，卵形或椭圆形。果长卵形，顶端尖，果托浅杯状；果柄短，被灰色柔毛。花期 5~6 月，果期 10~12 月。

生　　　境：生于灌木丛中。

其　　　他：中国特有植物。

薄叶润楠 *Machilus leptophylla* **Hand.-Mazz.**

润楠属 *Machilus* Nees

俗　　名：大叶楠、华东楠

识别要点：高大乔木，高可达 28 米。树皮灰褐色。枝粗壮，暗褐色。无毛；顶芽近球形，外部鳞片宽卵形。叶互生或在当年生枝条上轮生；叶片倒卵状长圆形。圆锥花序 6~10 个，聚生于嫩枝的基部；花通常 3 朵簇生，花序梗、分枝和花梗略被灰色微柔毛。果球形，直径约 1 厘米；果柄长 5~10 毫米。

生　　境：生于山地阴面的混交林中。

用　　途：树皮可提取树脂。种子可榨油。

其　　他：中国特有植物。

羽脉新木姜子 *Neolitsea pinninervis* Yen C. Yang & P. H. Huang

新木姜子属 *Neolitsea* Merr.

识别要点：灌木或小乔木，高可达 12 米。树皮青黄色。小枝黄色或黄褐色，较粗壮，无毛，基部具芽鳞痕；顶芽卵圆形，鳞片外被锈色丝状短柔毛。叶互生或聚生于枝顶呈轮生状；叶片长圆形或椭圆形，侧脉 7~9 对，纤细。伞形花序 2~3 个集生于叶腋。果近球形，直径约 6 毫米，幼时草绿色，有嫩绿斑点及光泽，熟时黑色；果柄长 1~1.2 厘米，顶端增粗，被短柔毛或近无毛。花期 3~4 月，果期 8~9 月。

生　　　境：生于山地林下。

其　　　他：中国特有植物。

闽楠 *Phoebe bournei* (Hemsl.) Yen C. Yang

楠属 *Phoebe* Nees

▶ 国家二级重点保护野生植物

俗　　名：竹叶楠、兴安楠木

识别要点：大乔木，高可达 20 米。树干通直，分枝少；老树皮灰白色，新树皮带黄褐色。小枝具毛或近无毛。叶片革质或厚革质，披针形或倒披针形；中脉在腹面凹陷，侧脉 10~14 对，在腹面平坦或凹陷，在背面突起，横脉及小脉多而密，在背面结成十分明显的网格。花序生于新枝中下部，被毛，通常 3~4 个，为紧缩不展开的圆锥花序。果椭圆形或长圆形；宿存花被被毛，紧贴。花期 4 月，果期 10~11 月。

生　　境：生于山谷阔叶林中。

用　　途：木材纹理直，结构细密，是良好的建筑、高级家具等用材。

其　　他：中国特有植物。在《中国生物多样性红色名录》中被评为易危（VU）等级。

单叶铁线莲　*Clematis henryi* Oliv.

铁线莲属　*Clematis* L.

俗　　名：地雷根、雪里开

识别要点：木质藤本植物。主根下部膨大成瘤状或地瓜状。单叶；叶片卵状披针形，先端渐尖，基部浅心形，边缘具刺状浅齿，两面无毛或背面叶脉上仅幼时被紧贴的茸毛；基出弧形中脉 3~5（7）条，在腹面平坦，在背面微隆起，侧脉网状，在两面均能见。聚伞花序腋生，常只具 1 朵花，稀具 2~5 朵花。瘦果狭卵形，长约 3 毫米，直径约 1 毫米，被短柔毛；宿存花柱长可达 4.5 厘米。花期 11~12 月，果期翌年 3~4 月。

生　　境：生于溪边、山谷、阴湿的坡地上、林下、灌木丛中，缠绕于树上。

用　　途：根、叶药用；味辛、苦，性平；具有行气活血、抗菌消炎的功效。

其　　他：中国特有植物。

短萼黄连 *Coptis chinensis* var. *brevisepala* W. T. Wang & Hsiao

黄连属 *Coptis* Salisb.　　　　　　　　　▶ 国家二级重点保护野生植物

识别要点：草本。根茎黄色，常分枝，密生多数须根。叶片 3 全裂，中央全裂片卵状菱形，先端急尖，3 对或 5 对羽状深裂。二歧或多歧聚伞花序具 3~8 朵花；苞片披针形，3 或 5 羽状深裂；萼片黄绿色，长椭圆状卵形；花瓣线形或线状披针形，先端渐尖，中央具蜜槽；雄蕊约 20 枚，花药长约 1 毫米，花丝长 2~5 毫米；心皮 8~12 个，花柱微外弯。蓇葖长 6~8 毫米，柄约与之等长。种子 7~8 粒，长椭圆形，褐色。花期 2~3 月，果期 4~6 月。

生　　境：生于山地沟边林下、山谷阴湿处。

用　　途：根茎药用；味苦，性寒；具有清热除湿、泻火解毒的功效。

其　　他：中国特有植物。

六角莲　*Dysosma pleiantha* (Hance) Woodson

鬼臼属　*Dysosma* Woodson　　　　　　　　　　　▶ 国家二级重点保护野生植物

　　识别要点：多年生草本，高可达 80 厘米。根茎粗壮，横走，具圆形结节，多须根；茎直立，单生，顶生 2 片叶，无毛。叶对生；叶片近纸质，盾状，近圆形，5~9 浅裂，裂片宽三角状卵形。花紫红色，下垂；花梗长 2~4 厘米，常下弯，无毛；萼片 6 枚，椭圆状长圆形或卵状长圆形；花瓣 6~9 片，紫红色，倒卵状长圆形。浆果倒卵状长圆形或椭圆形，熟时紫黑色。花期 3~6 月，果期 7~9 月。

　　生　　境：生于林下、山谷溪边、阴湿的溪谷草丛中。

　　用　　途：根茎药用，具有散瘀解毒的功效。根茎及根有毒。

　　其　　他：中国特有植物。

八角莲　*Dysosma versipellis* (Hance) M. Cheng ex Ying

鬼臼属　*Dysosma* Woodson　　　　　　　　　　　▶ 国家二级重点保护野生植物

识别要点：多年生草本，高可达 150 厘米。根茎粗壮，横生，多须根；茎直立，不分枝，顶生 2 片叶，无毛。叶对生；叶片薄纸质，盾状，近圆形，4~9 浅裂，裂片阔三角形。花深红色，5~8 朵簇生于离叶基部不远处，下垂；花梗纤细，常下弯，无毛；萼片 6 枚，长圆状椭圆形；花瓣 6 片，紫红色，勺状倒卵形。浆果椭圆形。花期 3~6 月，果期 5~9 月。

生　　境：生于山地林下、灌木丛中、溪边阴湿处、竹林下或常绿林下。

用　　途：根茎药用，具有舒筋活血、散瘀消肿、排脓生肌、除湿止痛的功效。根茎及根有毒。

其　　他：中国特有植物。

小檗科　Berberidaceae

49

四川轮环藤　*Cyclea sutchuenensis* **Gagnep.**

轮环藤属　*Cyclea* Arn. & Wight

　　识别要点：草质或老茎稍木质的藤本植物。除苞片有时被毛外，全株无毛。小枝纤细，具条纹。叶片薄革质或纸质，披针形或卵形；掌状脉 3~5 条，在背面突起，网状脉稍明显。花序腋生，总状花序或有时穗状花序；雄花萼片 4 枚，花瓣 4 片。核果红色，果核长约 7 毫米，背部两侧各具 3 行小瘤状突起。花期夏季，果期秋季。

　　生　　境：常生于林下、林缘、灌木丛中。

　　用　　途：根、茎藤药用；味苦，性寒，有小毒；具有清热解毒、利尿通淋、散瘀止痛的功效。

　　其　　他：中国特有植物。

粉绿藤　*Pachygone sinica* **Diels**

粉绿藤属　*Pachygone* Miers

　　识别要点：木质藤本植物，长可达 7 米或更长。枝和小枝均具皱纹；小枝细瘦，被柔毛。叶片薄革质，卵形，较少阔卵形或披针形；掌状脉 3~5 条，网状小脉在两面突起。总状花序或极狭窄的圆锥花序，花序轴纤细，被柔毛；小苞片 2 枚，萼片 2 轮，花瓣 6 片；雄蕊 6 枚，花药大，药室横裂。核果扁球形；果核脆壳质，横椭圆状肾形，表面具皱纹。花期 9~10 月，果期翌年 2 月。

生　　境：常生于林下。

用　　途：根、茎药用；味苦，性寒；具有祛风除湿、止痛的功效。

其　　他：中国特有植物。

金线吊乌龟 *Stephania cephalantha* Hayata

千金藤属 *Stephania* Lour.

俗　　名：白药、铁秤砣、独脚乌柏、金线吊蛤蟆、山乌龟、盘花地不容

识别要点：草质落叶无毛藤本植物，长通常 2 米。块根团块状或近圆锥形，褐色。小枝紫红色，纤细。叶片纸质，三角状扁圆形至近圆形，先端具小凸尖，基部圆形或近平截，边缘全缘或多少浅波状；掌状脉 7~9 条，向下的很纤细；叶柄纤细。雌雄花序同形，均为头状花序，具盘状花托；雄花序梗丝状，常腋生，雌花序梗粗壮，单个腋生；雄花萼片 6 枚，匙形或近楔形；雌花萼片 1 枚。核果阔倒卵圆形，果核背部两侧各具 10~12 条小横肋状雕纹。花期 4~5 月，果期 6~7 月。

生　　境：常生于旷野、林缘、石缝中。

用　　途：根、茎药用，具有清热解毒、消肿止痛的功效。

其　　他：中国特有植物。

血散薯 *Stephania dielsiana* Y. C. Wu

千金藤属　*Stephania* Lour.

俗　　名：山乌龟、一点血

识别要点：草质落叶藤本植物，长约 3 米，枝、叶含红色液汁。块根具突起的皮孔。枝稍肥壮，常紫红色，无毛。叶片纸质，三角状近圆形，先端具凸尖，基部微圆形至近平截，两面无毛；掌状脉 8~10 条，向上和平伸的 5~6 条，网脉纤细，均紫色；叶柄与叶片近等长或稍长于叶片。复伞形聚伞花序腋生或生于具小型叶的短枝上；雄花萼片 6 枚，倒卵形至倒披针形；雌花萼片 1 枚，花瓣 2 片。核果红色，倒卵圆形，甚扁；果核背部两侧各具 2 列钩状小刺。花期夏初。

生　　境：常生于林下、林缘、溪边石砾多处。

用　　途：块根药用，具有消肿解毒、健胃止痛的功效。

其　　他：中国特有植物。在《中国生物多样性红色名录》中被评为易危（VU）等级。

广防己 *Isotrema fangchi* (Y. C. Wu ex L. D. Chow & S. M. Hwang) X. X. Zhu

关木通属 *Isotrema* Raf.　　　　　　　　　　　　　　▶广西重点保护野生植物

识别要点：木质藤本植物，长可达 4 米。块根条状，长圆柱形，具不规则纵裂及增厚的木栓层，灰黄色或赭黄色，断面粉白色。叶片薄革质或纸质，长圆形或卵状长圆形，基部圆形，稀心形，边缘全缘，嫩叶腹面仅中脉密被长柔毛。花单生或 3~4 朵排成总状花序，生于老茎近基部。蒴果圆柱形，具 6 条棱。种子卵状三角形，背面突起，边缘稍隆起，腹面稍凹陷，中间具隆起的种脊，褐色。花期 3~5 月，果期 7~9 月。

生　　境：生于山地密林下、灌木丛中。

用　　途：根（广防己）药用；味苦、辛，性寒；具有祛风止痛、清热利尿的功效。

其　　他：中国特有植物。

大叶金牛 *Polygala latouchei* Franch.

远志属 *Polygala* L.

俗　　名：岩生远志、红背兰、一包花、天青地紫

识别要点：矮小亚灌木，高 10~20 厘米。茎、枝圆柱形，被短柔毛，中下部具圆形突起的黄褐色叶痕。单叶密集于枝的上部；叶片纸质，卵状披针形至倒卵状或椭圆状披针形，侧脉 4~5 对，弧曲，沿边缘网结，细脉网状，不明显。总状花序顶生或生于枝顶的数个叶腋内，基部具苞片 1 枚，早落；花瓣 3 片，膜质；雄蕊 8 枚，花药卵形。蒴果近圆形，具翅。花期 3~4 月，果期 4~5 月。

生　　境：生于林下岩石上、山坡草地上。

用　　途：全株药用，用于治疗咳嗽、小儿疳积、跌打损伤等。

其　　他：中国特有植物。

凹叶景天　*Sedum emarginatum* Migo

景天属　*Sedum* L.

俗　　　名：马芽半枝莲、圆叶佛甲、酱瓣草、石马齿苋

识别要点：多年生草本。茎细弱，高 10~15 厘米。叶对生；叶片匙状倒卵形至宽卵形，先端圆，微缺，基部渐狭，具短距。聚伞花序，顶生；无花梗；萼片 5 枚，披针形至狭长圆形，先端钝，基部具短距；花瓣 5 片，黄色，线状披针形至披针形；鳞片 5 枚，长圆形，长约 0.6 毫米，钝圆；心皮 5 个，长圆形，长 4~5 毫米，基部合生。蓇葖略叉开，腹面具浅囊状隆起。种子细小，褐色。花期 5~6 月，果期 6 月。

生　　　境：生于山地阴湿处。

用　　　途：全株药用，具有清热解毒、散瘀消肿的功效。

其　　　他：中国特有植物。

金荞麦 *Fagopyrum dibotrys* (D. Don) Hara

荞麦属 *Fagopyrum* Mill.

▶国家二级重点保护野生植物

俗　　　名：土荞麦、野荞麦、苦荞头、透骨消、赤地利、天荞麦

识别要点：多年生草本。根茎木质化，黑褐色；茎直立，高可达 1 米，分枝，具纵棱，无毛。叶片三角形，先端渐尖，基部近戟形，边缘全缘，两面具乳头状突起或被柔毛；托叶鞘筒状，膜质，褐色，长 5~10 毫米，偏斜，先端截形，无缘毛。伞房花序顶生或腋生；苞片卵状披针形，每枚苞内具 2~4 朵花；花被 5 深裂，白色，花被片长椭圆形；雄蕊 8 枚；花柱 3 枚，柱头头状。瘦果宽卵形，具 3 条锐棱，长 6~8 毫米，超出宿存花被 2~3 倍，黑褐色，无光泽。花期 7~9 月，果期 8~10 月。

生　　　境：生于山谷湿地、山地灌木丛中。

用　　　途：块根药用，具有清热解毒、排脓化瘀的功效。

蓼子草 *Persicaria criopolitana* (Hance) Migo

蓼属 *Persicaria* (L.) Mill.

识别要点：一年生草本。茎自基部分枝，平卧，丛生，节部生根，高 10~15 厘米，被长糙伏毛及稀疏的腺毛。叶片狭披针形或披针形，两面被糙伏毛，边缘被缘毛及腺毛；叶柄极短或近无柄；托叶鞘膜质，密被糙伏毛，先端截形，被长缘毛。头状花序顶生，花序梗密被腺毛；苞片卵形，密被糙伏毛，被长缘毛，每枚苞内具 1 朵花；花梗比苞片长，密被腺毛，顶部具关节；花被 5 深裂，淡紫红色；雄蕊 5 枚，花药紫色；花柱 2 枚，中上部合生。花期 7~11 月，果期 9~12 月。

生　　境：生于河滩沙地、沟边湿地。

其　　他：中国特有植物。

大箭叶蓼　*Persicaria senticosa* var. *sagittifolia* (H. Lév. et Vaniot) Yonekura et H. Ohashi

蓼属　*Persicaria* (L.) Mill.

　　识别要点：一年生草本。茎蔓生，长 1~2 米，暗红色，四棱形，沿棱具稀疏的倒生皮刺。叶片长三角形或三角状箭形，边缘疏生刺状缘毛，腹面无毛，背面沿中脉疏生皮刺；叶柄具倒生皮刺；托叶鞘筒状，边缘具 1 对叶状耳。总状花序头状，顶生或腋生，花序梗通常不分枝，无腺毛，具稀疏的倒生短皮刺；花被 5 深裂，白色或淡红色，花被片椭圆形；雄蕊 8 枚，比花被片短；花柱 3 枚，中下部合生，柱头头状。瘦果近球形，微具 3 条棱。花期 6~8 月，果期 7~10 月。

生　　境：生于山地沟边、路边潮湿处。

其　　他：中国特有植物。

中华栝楼 *Trichosanthes rosthornii* **Harms**

栝楼属 *Trichosanthes* L.

俗　　名：双边栝楼

识别要点：攀缘藤本植物。块根条状，肥厚，淡灰黄色，具横瘤状突起。茎具纵棱及槽，疏被短柔毛，有时具鳞片状白色斑点。叶片纸质，阔卵形至近圆形，掌状脉 5~7 条；叶柄具纵条纹，疏被微柔毛。卷须 2~3 歧。花雌雄异株；雄花单生或为总状花序，或两者并生。果球形或椭球形，光滑无毛，熟时果皮及果瓤均橙黄色。种子卵状椭圆形，扁平，距边缘稍远处具 1 圈明显的棱线。花期 6~8 月，果期 8~10 月。

生　　境：生于山谷密林下、山地灌木丛中、草丛中。

用　　途：根和果可作天花粉和栝楼入药。

其　　他：中国特有植物。

短柱茶 *Camellia brevistyla* (Hayata) Cohen-Stuart

山茶属 *Camellia* L.

俗　　　名：钝叶短柱茶、粉红短柱茶

识别要点：灌木或小乔木，高可达 8 米。嫩枝被柔毛；老枝灰褐色，有时红褐色。叶片革质，狭椭圆形，无毛，具小瘤状突起，边缘具钝齿，齿刻相隔约 2 毫米，叶脉在两面均不明显；叶柄被短粗毛。花白色或粉红色，顶生或腋生，花柄极短；苞片 6~7 枚，阔卵形；花瓣 5 片，阔倒卵形；雄蕊下半部连合成短管，无毛；子房被长粗毛，花柱完全分裂为 3 条，有时 4 条，或仅先端 3 裂。蒴果球形，直径约 1 厘米，具种子 1 粒。花期 10 月。

生　　　境：生于山地林下。

其　　　他：中国特有植物。在《广西本土植物及其濒危状况》中被评为极危（CR）等级。

心叶毛蕊茶　*Camellia cordifolia* (F. P. Metcalf) Nakai

山茶属　*Camellia* L.

俗　　　名：文山毛蕊茶、野山茶

识别要点：灌木至小乔木，高 1~6 米。嫩枝被披散长粗毛。叶片革质，长圆状披针形或长卵形，基部圆形，有时微心形，侧脉 6~7 对。花腋生及顶生，单生或成对；苞片 4~5 枚，半圆形至阔卵形；萼片 5 枚，阔卵形至圆形，先端圆；花柱多毛，先端 3 浅裂。蒴果近球形，2~3 室，每室具种子 1~3 粒，果爿厚约 2 毫米。花期 10~12 月。

生　　　境：生于山地林下。

其　　　他：中国特有植物。

金花猕猴桃 *Actinidia chrysantha* C. F. Liang

猕猴桃属　*Actinidia* Lindl.

　　识别要点：大型落叶藤本植物。茎皮孔很明显，隔年枝直径 7~10 毫米；髓茶褐色，片层状。叶片软纸质，阔卵形或卵形至披针状长卵形，先端急短尖或渐尖，基部略为下延的浅心形、平截、阔楔形，两侧基本对称，边缘具比较明显的圆齿，侧脉 7~8 对，横脉和网脉不明显。花序具 1~3 朵花，被茶褐色短茸毛。果柱状圆球形或卵珠形，秃净，具枯黄色斑点，熟时栗褐色或绿褐色。花期 5 月中旬，果期 11 月。

　　生　　境：常生于疏林下、灌木丛中、山林迹地上等阳光充足处。

　　用　　途：果风味甚佳，可作水果。

　　其　　他：中国特有植物。

条叶狝猴桃 *Actinidia fortunatii* **Finet & Gagnep.**

狝猴桃属 *Actinidia* Lindl.

▶ 国家二级重点保护野生植物

俗　　名：纤小狝猴桃、华南狝猴桃、耳叶狝猴桃、粗叶狝猴桃

识别要点：小型半常绿藤本植物。着花小枝密被红褐色长茸毛，去年生枝秃净，皮孔完全不见。叶片坚纸质，长条形或条状披针形，先端渐尖，基部耳状 2 裂或钝圆，小脉网状。聚伞花序腋生，具 1~3 朵花，花序梗极短，被红褐色茸毛；花梗长 9 毫米；小苞片钻形；花瓣 5 片，倒卵形，内外两面均薄被柔毛或无毛；子房圆柱状，近球形，密被黄褐色茸毛，雄花退化子房圆锥形。花期 4 月下旬。

生　　境：生于山地林下。

两广猕猴桃 *Actinidia liangguangensis* C. F. Liang

猕猴桃属 *Actinidia* Lindl.

俗　　名：渔网藤

识别要点：大型常绿藤本植物。着花小枝长短悬殊，短枝仅长数厘米，长枝长可达 40 厘米，被黄褐色茸毛，皮孔小且少；髓白色，片层状。叶片软革质，卵形或长圆形，先端急尖或尾状急渐尖，基部钝圆（长型叶）或浅心形（卵型叶），侧脉 8~9 对；叶柄薄被茶褐色茸毛，长短依所生枝条长短而定。聚伞花序具 1~3 朵花，大多具 1 朵花；苞片条状披针形，被黄褐色长茸毛。果幼时圆柱形，密被黄褐色茸毛，熟时卵珠状至柱状长圆形。花期 4 月下旬至 5 月，果期 11 月。

生　　境：生于山地、山谷灌木丛中、林下向阳处。

用　　途：根或全株药用，具有利尿、清热、舒筋活络的功效。

其　　他：中国特有植物。

美丽猕猴桃　*Actinidia melliana* Hand.-Mazz.

猕猴桃属　*Actinidia* Lindl.

识别要点： 中型半常绿藤本植物。着花小枝距状者仅长 2~4 厘米，当年生枝和去年生枝均密被锈色长硬毛，皮孔均很明显；髓白色，片层状。叶片膜质至坚纸质，去年生叶片革质，长方椭圆形、长方披针形或长方倒卵形，侧脉较稀疏，7~8 对。聚伞花序腋生，花序梗长 3~10 毫米，二回分歧，花可达 10 朵，被锈色长硬毛。果熟时秃净，圆柱形，具明显的疣状斑点，宿存萼片反折。花期 5~6 月。

生　　境：生于山地林下。

用　　途：根药用，具有止血、消炎、祛风除湿、解毒、接骨的功效。

其　　他：中国特有植物。

叶底红　*Bredia fordii* (Hance) Diels

野海棠属　*Bredia* Blume

俗　　　名：野海棠、假紫苏、沙崩草、还魂红、大毛蛇、江南野海棠、叶下红、红毛野海棠

识别要点：草本或亚灌木。叶片长圆形至卵状长圆形，长 4~10 厘米，宽 2~5 厘米，腹面被微柔毛，背面被长柔毛。花小；萼管长约 5 毫米，萼片长约 3 毫米；花瓣卵形，长约 10 毫米；雄蕊短，花药长约 6 毫米，微弯，不成膝曲状。花期 7~8 月。

生　　　境：生于山谷、山地密林下。

用　　　途：全株（野海棠）药用；味甘、酸，性温；具有益肾调经、补血活血的功效。

其　　　他：中国特有植物。

黄麻叶扁担杆 *Grewia henryi* **Burret**

扁担杆属　*Grewia* L.

　　识别要点：灌木或小乔木，高可达 6 米。嫩枝被黄褐色星状粗毛。叶片薄革质，阔长圆形，先端渐尖，基部阔楔形，边缘具细齿，腹面干后黄绿色，背面浅绿色，三出脉的两侧脉到达中部或为叶片长度的 1/3，中脉具侧脉 4~6 对；叶柄长 7~9 毫米，被星状粗毛。聚伞花序 1~2 个腋生，每枝具 3~4 朵花；花瓣长卵形；子房被毛，4 室，花柱长 6~7 毫米，柱头 4 裂。核果 4 裂，具分核 4 个。

　　生　　境：生于山谷、山地密林下。

　　其　　他：在 APG Ⅳ 分类系统中置于锦葵科 Malvaceae。中国特有植物。

褐毛杜英 *Elaeocarpus duclouxii* Gagnep.

杜英属　*Elaeocarpus* L.

俗　　　名：冬桃

识别要点：常绿乔木，高可达 20 米。嫩枝被褐色茸毛，老枝干后暗褐色，具稀疏皮孔。叶聚生于枝顶；叶片革质，长圆形，先端急尖，基部楔形，边缘具小钝齿，腹面深绿色，背面被褐色茸毛，侧脉 8~10 对，在腹面能见，在背面突起；叶柄被褐色毛。总状花序常生于无叶的去年生枝条上，长 4~7 厘米，纤细，被褐色毛；小苞片 1 枚，生于花柄基部，线状披针形。核果椭圆形，外果皮秃净无毛，干后黑色，内果皮坚骨质，厚约 3 毫米，表面具多条沟纹，1 室。花期 6~7 月。

生　　　境：生于常绿林中。

用　　　途：果（冬桃）药用，具有理肺止咳、清热通淋、养胃消食的功效。

其　　　他：中国特有植物。

毛萼蔷薇　*Rosa lasiosepala* F. P. Metcalf

蔷薇属　*Rosa* L.

识别要点：攀缘灌木，高约 10 米。小枝粗壮，弓形，具棱，无毛，散生短粗钩状皮刺。小叶通常 5 片，近花序小叶常为 3 片，极稀为 7 片；小叶片革质，椭圆形，稀卵状长圆形，先端渐尖或短尾尖，基部圆形，边缘具尖锐齿，两面无毛，中脉在腹面明显凹陷，中脉和侧脉在背面明显突起；小叶柄和叶轴均无毛；托叶大部分贴生于叶柄，离生部分卵状披针形，边缘被毛和腺毛，后脱落。花多数成复伞房状。果近球形或卵球形，紫褐色，被稀疏柔毛，萼片最后脱落。

生　　境：生于山谷、山地林下、路边、水边等。

其　　他：广西特有植物。

五裂悬钩子　*Rubus lobatus* T. T. Yu & L. T. Lu

悬钩子属　*Rubus* L.

识别要点：攀缘灌木，高可达 2 米。枝圆柱形，棕褐色，密被红褐色长短不等的腺毛、刺毛和长柔毛，疏生基部增宽的小皮刺。单叶；叶片近圆形，基部心形，边缘 3~5 裂，两面均被柔毛，沿叶脉被红褐色腺毛和刺毛，基部具掌状脉 5 条，侧脉 4~5 对；托叶离生，被长柔毛和腺毛，掌状深裂，脱落。大型圆锥花序顶生或腋生。果近球形，直径约 1 厘米，红色，无毛，包藏于宿存萼片内；核稍具皱纹。花期 6~7 月，果期 8~9 月。

生　　　境：生于山地路边、山谷灌木丛中。

其　　　他：中国特有植物。

蔷薇科　Rosaceae

71

太平莓　*Rubus pacificus* **Hance**

悬钩子属　*Rubus* L.

识别要点：常绿矮小灌木，高可达 1 米。枝细，圆柱形，微拱曲，幼时被柔毛，老后毛脱落，疏生细小皮刺。单叶；叶片革质，宽卵形至长卵形，基部具掌状脉 5 条，侧脉 2~3 对；托叶大，棕色，叶状，长圆形，长可达 2.5 厘米，被柔毛，近先端较宽并缺刻状条裂，裂片披针形。花 3~6 朵成顶生短总状或伞房状花序，或单生于叶腋。果球形，红色，无毛；核具皱纹。花期 6~7 月，果期 8~9 月。

生　　境：生于山地路边、杂木林下。

用　　途：耐干旱，有固沙作用。全株药用，具有清热活血的功效。

其　　他：中国特有植物。

山豆根　*Euchresta japonica* Hook. f. ex Regel

山豆根属　*Euchresta* Benn.

▶ 国家二级重点保护野生植物

俗　　　名：胡豆莲

识别要点：藤状灌木，几乎不分枝。茎上常生不定根。叶仅具 3 片小叶；叶柄近轴面具 1 条明显的沟槽；小叶片厚纸质，椭圆形，先端短渐尖至钝圆。总状花序均被短柔毛；小苞片细小，钻形；花萼杯状，内外均被短柔毛，裂片钝三角形；花冠白色，旗瓣瓣片长圆形。果序长约 8 厘米；荚果椭圆形，顶端钝圆，具细尖，黑色，光滑，果柄长约 1 厘米，果颈长约 4 厘米，无毛。

生　　　境：生于山谷、山地密林下。

用　　　途：对研究豆科植物的系统发育及中国 – 日本植物区系等有意义。

其　　　他：在 APG Ⅳ 分类系统中置于豆科 Fabaceae。

花榈木　*Ormosia henryi* **Prain**

红豆属　*Ormosia* Jacks.

▶ 国家二级重点保护野生植物

俗　　　名：红豆树、臭桶柴、花梨木、亨氏红豆、马桶树、烂锅柴、硬皮黄檗

识别要点：常绿乔木，高可达 16 米。树皮灰绿色，平滑，浅裂。枝条折断时有臭气；小枝、叶轴、花序密被茸毛。奇数羽状复叶，小叶（1）2~3 对；小叶片革质，椭圆形或长圆状椭圆形，边缘微反卷，上部叶背面及叶柄均密被黄褐色茸毛，侧脉 6~11 对，与中脉成 45° 角。圆锥花序顶生或总状花序腋生。荚果扁平，长椭圆形，顶端具喙，果颈长约 5 毫米，果瓣革质，具种子 4~8 粒。种子椭圆形或卵形，种皮鲜红色，有光泽。花期 7~8 月，果期 10~11 月。

生　　　境：生于山地、溪边杂木林中。

用　　　途：木材致密质重，纹理美丽，可作轴承及细木家具用材。根、枝、叶药用，具有祛风散结、散瘀解毒的功效。可用作绿化树种或防火树种。

其　　　他：在 APG Ⅳ 分类系统中置于豆科 Fabaceae。在《中国生物多样性红色名录》中被评为易危（VU）等级。

软荚红豆　*Ormosia semicastrata* **Hance**

红豆属　*Ormosia* Jacks.　　　　　　　　　　　　▶ 国家二级重点保护野生植物

俗　　　名：黄姜树、相思子、红子子树、鸡弹木、相思豆、假龙眼、鸡眼树

识别要点：常绿乔木，高可达 12 米。树皮褐色，皮孔突起并具不规则裂纹。小枝被黄色柔毛。奇数羽状复叶，小叶 1~2 对；小叶片革质，卵状长椭圆形或椭圆形，侧脉 10~11 对，与中脉成 60° 角，边缘弧曲相接，但不明显；叶轴、叶柄及小叶柄被灰褐色柔毛，后渐脱落。圆锥花序顶生，下部的分枝生于叶腋，约与叶等长。荚果小，近圆形，稍肿胀，革质，光亮，干时黑褐色，顶端具短喙，果颈长 2~3 毫米，具种子 1 粒。种子扁圆形，鲜红色。花期 4~5 月。

生　　　境：生于山地、路边、山谷杂木林中。

用　　　途：韧皮纤维为人造棉和编绳原料。

其　　　他：在 APG Ⅳ 分类系统中置于豆科 Fabaceae。中国特有植物。

木荚红豆　*Ormosia xylocarpa* Chun ex L. Chen

红豆属　*Ormosia* Jacks.　　　　　　　　　　　▶国家二级重点保护野生植物

　　识别要点：常绿乔木，高可达 20 米。树皮灰色或棕褐色，平滑。枝密被紧贴的褐黄色短柔毛。奇数羽状复叶，叶柄及叶轴被黄色短柔毛或疏毛，小叶（1）2~3 对；小叶片厚革质，长椭圆形或长椭圆状倒披针形。圆锥花序顶生，被短柔毛；花大，芳香；花冠白色或粉红色，各瓣近等长。荚果倒卵形至长椭圆形或菱形，果瓣厚木质，腹缝边缘向外反卷，外面密被黄褐色短绢毛，内壁具横隔膜，具种子 1~5 粒。种子横椭圆形或近圆形，种皮红色。花期 6~7 月，果期 10~11 月。

生　　　境：生于山地、路边、溪边林中。

用　　　途：可材用，心材紫红色，纹理直，结构细匀。

其　　　他：在 APG Ⅳ 分类系统中置于豆科 Fabaceae。中国特有植物。

瑞木　*Corylopsis multiflora* Hance

蜡瓣花属　*Corylopsis* Siebold & Zucc.

俗　　　名：大果蜡瓣花、心叶瑞木、小叶瑞木

识别要点：落叶或半常绿灌木，有时为小乔木。嫩枝被茸毛；老枝秃净，灰褐色，具细小皮孔；芽体被灰白色茸毛。叶片薄革质，倒卵形、倒卵状椭圆形或卵圆形，边缘具齿，齿尖突出，腹面干后绿色，背面带灰白色；侧脉 7~9 对，在腹面凹陷，在背面突起，第一对侧脉较靠近叶的基部，第二次分支侧脉不明显。总状花序，花序轴及花序梗均被毛。果序长 5~6 厘米；蒴果硬木质，果皮厚，无毛，具短柄，颇粗壮。种子黑色，长可达 1 厘米。

生　　　境：生于山地阔叶林下。

用　　　途：根皮药用，用于治疗恶寒发热、呕逆、心悸、烦乱昏迷、白喉、内伤出血。

其　　　他：中国特有植物。

鳞毛蚊母树　*Distylium elaeagnoides* H. T. Chang

蚊母树属　*Distylium* Siebold & Zucc.

俗　　　名：鳞秕蚊母树

识别要点：常绿灌木或小乔木，高可达 6 米。嫩枝密生鳞毛；老枝秃净，具皮孔，干后灰褐色；芽体裸露，细小卵形，密被鳞毛。叶片革质，倒卵形或倒卵状矩圆形，边缘全缘、无齿，背面密被银灰色鳞毛，侧脉 4~5 对，在腹面不明显，在背面稍突起，网脉在两面均不明显；叶柄长 8~12 厘米，被鳞毛。总状果序腋生，果序轴被鳞毛；蒴果长卵圆形，顶端长尖，基部楔形，外面密被灰色鳞毛，宿存花柱长 2~3 毫米，2 片裂开，每片 2 浅裂，基部无宿存萼筒。种子卵圆形，褐色，有光泽。

生　　　境：生于山地常绿林下。

其　　　他：中国特有植物。在《中国生物多样性红色名录》中被评为易危（VU）等级。

壳菜果　*Mytilaria laosensis* **Lecomte**

壳菜果属　*Mytilaria* Lecomte

俗　　名：米老排

识别要点：常绿乔木，高可达 30 米。小枝粗壮，无毛，节膨大，具环状托叶痕。叶片革质，阔卵圆形，边缘全缘或幼叶先端 3 浅裂，先端短尖，基部心形，无毛；掌状脉 5 条，在腹面明显，在背面突起，网脉不明显。肉穗状花序顶生或腋生，单独，无毛；花多数，紧密排列于花序轴。蒴果长 1.5~2 厘米；外果皮厚，黄褐色，松脆易碎；内果皮木质或软骨质，较外果皮薄。种子褐色，有光泽，种脐白色。

生　　境：生于次生林中。

用　　途：可作家具、建筑、农具、胶合板、室内装修、木地板等用材。

其　　他：在《中国生物多样性红色名录》中被评为易危（VU）等级。

栲 *Castanopsis fargesii* Franch.

锥属　*Castanopsis* Spach

俗　　　名：红栲、红叶栲、红背槠、火烧柯、绥江锥

识别要点：乔木，高 10~30 米。树皮纵浅裂。芽鳞、嫩枝顶部及嫩叶叶柄均被与叶背相同但较早脱落的红锈色细片状蜡鳞，枝、叶均无毛。叶片长椭圆形或披针形，基部近圆形或宽楔形，有时一侧稍短且偏斜，边缘全缘或有时在近先端边缘具少数浅裂齿，侧脉 11~15 对，支脉通常不明显。雄花穗状或圆锥花序，花单朵密生于花序轴上，雄蕊 10 枚。果序轴横切面直径 1.5~3 毫米；壳斗通常圆形或宽卵形；坚果圆锥形，果脐在坚果底部。花期 4~6 月，也有 8~10 月，果翌年同期成熟。

生　　　境：生于山地杂木林中。

用　　　途：可材用。

其　　　他：中国特有植物。

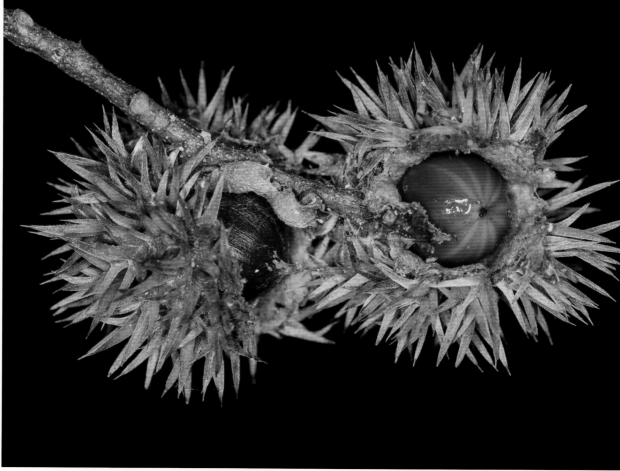

毛锥　*Castanopsis fordii* Hance

锥属　*Castanopsis* Spach

俗　　名:南岭栲、毛栲、毛槠

识别要点:乔木,通常高 8~15 米;大树高可达 30 米,胸径约 1 米。老树树皮纵深裂且甚厚。芽鳞、当年生枝、叶柄、叶背及花序轴均密被棕色或红褐色稍粗糙的长茸毛,去年生枝的毛较少。叶片革质,长椭圆形或长圆形,侧脉 14~18 对。雄穗状花序常多穗排成圆锥花序,花密集,花被裂片内面被短柔毛,雄蕊 12 枚;雌花的花被裂片密被毛,花柱 3 枚,长不及 1 毫米。果序轴与其着生的枝约等粗;坚果扁圆锥形,密被伏毛,果脐约占坚果面积的 1/3。花期 3~4 月,果期翌年 9~10 月。

生　　境:生于山地灌木丛中、乔木林中。

用　　途:是较常见的用材树种。

其　　他:中国特有植物。

吊皮锥 *Castanopsis kawakamii* **Hayata**

锥属 *Castanopsis* Spach

俗　　名：格氏栲、青钩栲

识别要点：乔木，高可达 28 米。树皮纵浅裂，老树皮脱落前长条如蓑衣状吊在树干上。新生小枝暗红褐色，散生颜色苍暗的皮孔；枝、叶均无毛。叶片革质，卵形或披针形，边缘全缘，侧脉 9~12 对，网脉明显，两面同色。雄花序多为圆锥花序，花序轴被疏短毛，雄蕊 10~12 枚。果序短，壳斗具 1 个坚果，圆球形；坚果扁圆形，密被黄棕色伏毛，果脐占坚果面积的 1/3 或近 1/2。花期 3~4 月，果期翌年 8~10 月。

生　　境：生于山地林中。

用　　途：是重要的用材树种，可作优质的家具及建筑用材。

其　　他：在《中国生物多样性红色名录》中被评为易危（VU）等级。

吊皮锥 *Castanopsis kawakamii* **Hayata**

美叶柯 *Lithocarpus calophyllus* Chun ex C. C. Huang & Y. T. Chang

柯属 *Lithocarpus* Blume

俗　　名：红叶椆、黄椆、黄背栎、者锥

识别要点：乔木，高可达 28 米。叶片硬革质，宽椭圆形、卵形或长椭圆形，先端渐尖或短突尖，尾状，基部近圆形或浅耳垂状，有时一侧略短或偏斜，侧脉 7~11 对。壳斗厚木质，高 5~10 毫米，宽 15~25 毫米；坚果顶部平坦，中央微凹陷，或甚短尖，常具淡薄的灰白色粉霜。花期 6~7 月，果期翌年 8~9 月。

生　　境：生于山地常绿阔叶林中。

用　　途：可作薪炭材。

其　　他：中国特有植物。在《广西本土植物及其濒危状况》中被评为近危（NT）等级。

鼠刺叶柯　*Lithocarpus iteaphyllus* (Hance) Rehder

柯属　*Lithocarpus* Blume

　　识别要点：乔木，高 5~10 米。当年生枝具明显的纵沟槽，暗红褐色，无毛；芽鳞无毛。叶片厚或硬纸质，狭长椭圆形或披针形，边缘全缘，先端渐尖，基部宽楔形，沿叶柄下延，中脉在两面均突起。通常雌雄同序，雄花位于上段。坚果较小，椭圆形或高稍超过宽的球形，顶部狭尖或浑圆，淡栗褐色，无毛，果脐凹陷。花期 4~5 月，果期翌年 7~10 月。

　　生　　境：生于山地阳光充足处、较低的溪边。

　　其　　他：中国特有植物。

滑皮柯　*Lithocarpus skanianus* (Dunn) Rehder

柯属　*Lithocarpus* Blume

识别要点：乔木，高可达 20 米。芽鳞、当年生枝、叶柄及花序轴均密被黄棕色茸毛，去年生枝的毛较疏且短，常污黑色。叶片厚纸质，倒卵状椭圆形或倒披针形，侧脉 10~13 对，通常在腹面微凹陷。雄圆锥花序生于枝顶，少有单穗状花序腋生。壳斗扁圆形至近圆形，包裹绝大部分坚果或几乎全部坚果；坚果扁圆形或宽圆锥形。花期 9~10 月，果翌年同期成熟。

生　　境：生于山地常绿阔叶林中。

其　　他：中国特有植物。

紫玉盘柯 *Lithocarpus uvariifolius* (Hance) Rehder

柯属 *Lithocarpus* Blume

俗　　　名：桐叶柯、饭箩楮、马驿树

识别要点：乔木，高 10~15 米。当年生枝、叶柄、叶背中脉、侧脉及花序轴均密被棕色或褐锈色略粗糙长毛。枝节上的芽鳞痕大而明显。叶片革质或厚纸质，倒卵形、倒卵状椭圆形或椭圆形，先端短突尖或短尾状，基部近圆形，侧脉 22~35 对；托叶较迟脱落，背面密被伏贴棕色长柔毛。花序轴粗壮；雄花序穗状，单穗或多穗聚生于枝顶。果序具成熟壳斗 1~4 个；壳斗深碗状或半圆形，包裹一半以上的坚果。花期 5~7 月，果期翌年 10~12 月。

生　　　境：生于山地常绿阔叶林中。

用　　　途：嫩叶经制作后带甜味，可替代茶叶，用作清凉解热剂。

其　　　他：中国特有植物。

银毛叶山黄麻　*Trema nitida* C. J. Chen

山黄麻属　*Trema* Lour.

　　识别要点：小乔木，高 5~10 米。小枝紫褐色或灰褐色，被贴生的灰白色柔毛。叶片薄纸质，披针形至狭披针形，先端尾状渐尖至长尾状，基部对称或稍偏斜，边缘具细齿，基出脉 3 条，侧脉 3~4 对；托叶条形，长 8~10 毫米，先端长尾状渐尖，背面被短柔毛，早落。花单性，雌雄异株或同株；聚伞花序长不及叶柄，花序梗被贴生的短柔毛。核果近球形或阔卵圆形，微压扁，表面无毛，熟时紫黑色，具宿存花被。花期 4~7 月，果期 8~11 月。

　　生　　境：生于山地较湿润的疏林中。

　　用　　途：韧皮纤维为人造棉、麻绳和造纸原料。树皮含鞣质，可提制栲胶。木材可作建筑、器具用材，还可作薪炭材。叶表皮粗糙，可用作砂纸。常成为次生林的先锋树种。

　　其　　他：在 APG Ⅳ 分类系统中置于大麻科 Cannabaceae。中国特有植物。

白桂木 *Artocarpus hypargyreus* Hance

波罗蜜属　*Artocarpus* J. R. Forst. & G. Forst.　　　　▶ 广西重点保护野生植物

俗　　　名：将军树、胭脂木、银杯胭脂

识别要点：大乔木，高可达 25 米。树皮深紫色，片状剥落。幼枝被白色紧贴柔毛。叶互生；叶片革质，椭圆形至倒卵形，先端渐尖至短渐尖，干时背面灰白色，侧脉 6~7 对，网脉很明显；叶柄长 1.5~2 厘米，被毛；托叶线形，早落。花序单生于叶腋；雄花序椭圆形至倒卵圆形，花药椭圆形。聚花果近球形，直径 3~4 厘米，浅黄色至橙黄色，表面被褐色柔毛，微具乳头状突起；果柄长 3~5 厘米，被短柔毛。花期春夏季。

生　　　境：生于常绿阔叶林中。

用　　　途：乳汁可以提制硬性胶。木材可制作家具。

其　　　他：中国特有植物。在《中国生物多样性红色名录》中被评为濒危（EN）等级。

岩木瓜　*Ficus tsiangii* Merr. ex Corner

榕属　*Ficus* L.

俗　　名：阿巴果

识别要点：灌木或乔木，高 4~6 米。树皮灰褐色，粗糙。分枝稀疏，小枝节间长，密生灰白色至黄褐色硬毛。叶螺旋状排列；叶片纸质，卵形至倒卵状椭圆形，侧脉 4~5 对，叶基具 2 个腺体；叶柄细长，长 3~12 厘米；托叶早落，披针形，被贴伏柔毛。榕果簇生于老茎基部或落叶瘤状短枝上，卵圆形至椭球形；瘦果透镜状，背面微具龙骨。花期 5~8 月。

生　　境：多生于山地、沟边潮湿处。

其　　他：中国特有植物。

舌柱麻　*Archiboehmeria atrata* (Gagnep.) C. J. Chen

舌柱麻属　*Archiboehmeria* C. J. Chen

俗　　　名：细水麻叶、两广紫麻、震叶紫麻、震叶花点草

识别要点：灌木或半灌木，高可达4米。小枝上部被近贴生的短柔毛，后毛渐脱落。叶片膜质或近膜质，卵形至披针形，先端尾状渐尖，尖头长1~2厘米，边缘全缘，侧脉2~4对，彼此在近边缘处不明显地网结。花序四回至六回二歧聚伞状分枝，雄花序生于下部叶腋、雌花序生于上部叶腋。瘦果卵形，外果皮壳质，淡绿色，具疣状突起。花期6~8月，果期9~10月。

生　　　境：生于山谷半阴坡疏林下较潮湿肥沃处、石缝中。

用　　　途：韧皮纤维为代麻原料和制人造棉的原料。

其　　　他：在《中国生物多样性红色名录》中被评为易危（VU）等级。

长圆楼梯草 *Elatostema oblongifolium* S. H. Fu ex W. T. Wang

楼梯草属 *Elatostema* J. R. Forst. & G. Forst.

识别要点：多年生草本。茎高约 30 厘米，无毛。叶片草质或纸质，斜狭长圆形，先端长渐尖或渐尖，叶脉羽状，侧脉约 6 对；托叶狭三角形至钻形，无毛；具短柄或无柄。花序雌雄异株或同株；雄花序具极短梗，聚伞状。瘦果椭圆形或卵球形，长 0.8~1 毫米，约具 8 条纵肋。花期 4~5 月。

生　　境：生于低山山谷阴湿处。

用　　途：全株药用，具有清热解毒的功效。

其　　他：中国特有植物。

满树星　*Ilex aculeolata* **Nakai**

冬青属　*Ilex* L.

俗　　　名：百介树、白杆根、青心木、山秤根

识别要点：落叶灌木，高可达 4 米。小枝栗褐色，具长枝和短枝；长枝纤细，被基部增粗的短柔毛，具多而显著的皮孔、宿存的芽鳞和叶痕。叶在长枝上互生，在短枝上 1~3 片簇生于顶端；叶片膜质或薄纸质，倒卵形，先端急尖或极短的渐尖，侧脉 4~5 对；托叶微小，三角形，宿存。花序单生于长枝的叶腋内或短枝顶部的鳞片腋内；花白色，芳香，4 或 5 基数。果球形，直径约 7 毫米，熟时黑色，干时具纵棱及沟，基部具平展的、轮廓近四边形的宿存萼片，顶端具盘状、4 裂的宿存柱头。花期 4~5 月，果期 6~9 月。

生　　　境：生于山谷、路边疏林下、灌木丛中。

用　　　途：根皮药用，具有清热解毒、止咳化痰的功效。种子含油率约为 11.5 %，可榨油。

其　　　他：中国特有植物。

广东冬青 *Ilex kwangtungensis* Merr.

冬青属 *Ilex* L.

识别要点：常绿灌木或小乔木，高可达 9 米。树皮灰褐色，平滑，具小皮孔。小枝圆柱形，暗灰褐色，被短柔毛或无毛，叶痕半圆形；顶芽披针形，密被锈色短柔毛。叶生于 1~3 年生枝上；叶片近革质，卵状椭圆形、长圆形或披针形，稍反卷，侧脉 9~11 对。复合聚伞花序单生于当年生枝的叶腋内；雄花序为二回至四回二歧聚伞花序，具 12~20 朵花；雌花序为一回或二回二歧聚伞花序，具 3~7 朵花。果椭圆形，熟时红色，干时黑褐色，光滑，具光泽，宿存萼片展开，被柔毛及缘毛，宿存柱头突起，4 裂。花期 6 月，果期 9~11 月。

生　　境：生于山地常绿阔叶林下、灌木丛中。

用　　途：可用于庭园绿化。根、叶药用，具有清热解毒、消肿止痛的功效。

其　　他：中国特有植物。

百齿卫矛 *Euonymus centidens* Lévl.

卫矛属 *Euonymus* L.

识别要点：灌木，高可达 6 米。小枝方棱形，常具窄翅棱。叶片纸质或近革质，窄长椭圆形或近长倒卵形，先端长渐尖，边缘具密而深的尖齿，齿端常具黑色腺点，有时齿较浅而钝；近无柄或具短柄。聚伞花序具 1~3 朵花，稀具较多朵花。蒴果 4 深裂，成熟裂瓣 1~4 片，每裂内常只具 1 粒种子。种子长圆形，假种皮黄红色，覆盖于种子向轴面的一半，末端窄缩成脊状。花期 6 月，果期 9~10 月。

生　　境：生于山地密林下。

用　　途：根、茎皮、果药用；味甘，性温；具有活血化瘀、强筋壮骨的功效。

其　　他：中国特有植物。

无柄五层龙　*Salacia sessiliflora* Hand.-Mazz.

五层龙属　*Salacia* L.

俗　　名：狗卵子、棱子藤、野柑子、野黄果

识别要点：灌木，高可达 4 米。小枝暗灰色，具瘤状小皮孔。叶片薄革质，长圆状椭圆形或长圆状披针形，边缘具疏而细的齿，叶面光亮，侧脉 8~9 对，在背面显著突起，网脉横出。花少数，淡绿色，着生于叶腋内的瘤状突起上，花柄极短，长不及 1 毫米；萼片卵形，先端钝尖。浆果橙黄色至橙红色，外果皮干时薄革质；果柄长 5~6 毫米。种子 3~4 粒。花期 6 月，果期 10 月。

生　　境：生于山地灌木丛中。

用　　途：果微甜，可食用，也可药用，用于治疗胃脘痛。

其　　他：中国特有植物。

锈毛钝果寄生　*Taxillus levinei* (Merr.) H. S. Kiu

钝果寄生属　*Taxillus* Tiegh.

　　识别要点：灌木，高可达 2 米。嫩枝、叶、花序和花均密被锈色（稀褐色）的叠生星状毛和星状毛。小枝灰褐色或暗褐色，无毛，具散生皮孔。叶互生或近对生；叶片革质，卵形，稀椭圆形或长圆形，侧脉 4~6 对，在腹面明显。伞形花序 1~2 个腋生或生于小枝已落叶腋部，具 2 朵花。果卵球形，两端钝圆，黄色，果皮具颗粒状体，被星状毛。花期 9~12 月，果期翌年 4~5 月。

生　　境：生于山地常绿阔叶林下，常寄生于油茶、樟和壳斗科植物上。

用　　途：全株药用，具有祛风除湿的功效。

其　　他：中国特有植物。

杯茎蛇菰 *Balanophora subcupularis* P. C. Tam

蛇菰属 *Balanophora* J. R. Forst. & G. Forst.

识别要点：草本，高 3~8 厘米。根茎通常杯状，直径 1.5~3 厘米，淡黄褐色，表面常具不规则纵纹，密被颗粒状小疣和明显淡黄色、星芒状小皮孔，顶端的裂鞘 5 裂，裂片近圆形或三角形，边缘啮蚀状；花茎常被鳞苞片遮盖；鳞苞片 3~8 枚，互生，稍肉质。雌雄同株（序）；花序卵形或卵圆形，雄花着生于花序基部；聚药雄蕊近圆盘状，具同型、短裂的花药，药室 12~16 个。花期 9~11 月。

生　　境：生于密林下。

用　　途：全株药用；味苦、涩，性凉；具有清热凉血、消肿解毒的功效。

其　　他：中国特有植物。在《广西本土植物及其濒危状况》中被评为极危（CR）等级。

山绿柴 *Rhamnus brachypoda* C. Y. Wu ex Y. L. Chen

鼠李属 *Rhamnus* L.

识别要点：多刺灌木，高 1.5~3 米。小枝互生，红褐色或灰褐色，稍光滑，被黑褐色或褐色短柔毛，毛多少脱落，枝端具针刺；老枝红褐色，无毛，常具不规则纵裂。叶互生或在短枝上簇生；叶片纸质或厚纸质，矩圆形、卵状矩圆形或倒卵形，侧脉 3~5 对，叶脉在背面突起；托叶条状披针形，长约为叶柄长的一半，脱落。雌雄异株；花单性，黄绿色，4 基数，1~3 朵生于小枝下部叶腋或短枝顶端。核果倒卵状圆球形，熟时黑色，具 3 分核，稀 2 分核，基部具浅杯状宿存萼筒。花期 5~6 月，果期 7~11 月。

生　　境：生于山地、路边灌木丛中、山谷疏林下。

用　　途：根药用，外用于治疗牙痛。

其　　他：中国特有植物。

披针叶胡颓子　*Elaeagnus lanceolata* **Warb.**

胡颓子属　*Elaeagnus* L.

俗　　名：大披针叶胡颓子、红枝胡颓子

识别要点：常绿直立或蔓状灌木，高可达 4 米。无刺或老枝具粗而短的刺；幼枝淡黄白色或淡褐色，密被银白色和淡黄褐色鳞片；老枝灰色或灰黑色，圆柱形；芽锈色。叶片革质，披针形或椭圆状披针形至长椭圆形，侧脉 8~12 对，与中脉展开成 45° 角。花淡黄白色，下垂，密被银白色和散生少数褐色鳞片和鳞毛，常 3~5 朵花簇生于叶腋短小枝上成伞形总状花序。果椭球形，密被褐色或银白色鳞片，熟时红黄色。花期 8~10 月，果期翌年 4~5 月。

生　　境：生于山地林下、林缘。

用　　途：根（盐匏藤）药用，味酸、微甘，具有温下焦、祛寒湿的功效。果药用，用于治疗痢疾。可用作观赏植物。

其　　他：中国特有植物。

大叶牛果藤 *Nekemias megalophylla* (Diels & Gilg) J. Wen & Z. L. Nie

牛果藤属 *Nekemias* Raf.

俗　　名：大叶蛇葡萄

识别要点：木质藤本植物。小枝圆柱形，无毛。卷须 3 叉分歧，相隔 2 节间断与叶对生。二回羽状复叶，基部 1 对小叶常为 3 小叶或稀为羽状复叶；小叶片长椭圆形或卵状椭圆形，边缘每侧具 3~15 枚粗齿，侧脉 4~7 对，网脉微突出。伞房状多歧聚伞花序或复二歧聚伞花序顶生或与叶对生。果微倒卵球形。种子 1~4 粒。花期 6~8 月，果期 7~10 月。

生　　境：生于山谷、山地林下。

用　　途：根、叶药用；味酸、涩，性平；具有清热除湿、活血化瘀的功效。

其　　他：中国特有植物。

蘡薁　*Vitis bryoniifolia* Bunge

葡萄属　*Vitis* L.

俗　　名：野葡萄

识别要点：木质藤本植物。小枝圆柱形，具棱纹，嫩枝密被蛛丝状茸毛或柔毛，后毛脱落变稀疏。卷须 2 叉分歧，相隔 2 节间断与叶对生。叶片长卵圆形，3~5（7）深裂或浅裂，边缘每侧具 9~16 枚缺刻状粗齿或成羽状分裂；基出脉 5 条，中脉具侧脉 4~6 对。花杂性异株，圆锥花序与叶对生，基部分枝发达或有时退化成一卷须，稀狭窄而基部分枝不发达。果球形，熟时紫红色。种子倒卵形，顶端微凹，基部具短喙，种脐在种子背面中部呈圆形或椭圆形，腹面中棱脊突出。花期 4~8 月，果期 6~10 月。

生　　境：生于山谷林下、灌木丛中、沟边、田埂。

用　　途：根或全株药用，具有祛风湿、消肿毒的功效。

其　　他：中国特有植物。

红椿 *Toona ciliata* M. Roem.

香椿属　*Toona* (Endl.) M. Roem.

俗　　　名：双翅香椿、红楝子、赤昨工、毛红楝子、毛红椿、疏花红椿、滇红椿

识别要点：大乔木，高20余米。小枝初时被柔毛，渐变无毛，具稀疏的苍白色皮孔。羽状复叶，长25~40厘米，通常具小叶7~8对；叶柄长约为叶长的1/4，圆柱形；小叶对生或近对生，小叶片纸质，长卵圆形或披针形，侧脉12~18对，在背面突起。圆锥花序顶生，约与叶等长或稍短于叶，被短硬毛或近无毛。蒴果长椭圆形，木质，干后紫褐色，具苍白色皮孔。种子两端具翅；翅扁平，膜质。花期4~6月，果期10~12月。

生　　　境：多生于低海拔山谷林中、山地疏林中。

用　　　途：适宜材用，木材赤褐色，纹理通直，质软，耐腐。树皮含单宁，可提制栲胶。

其　　　他：在《中国生物多样性红色名录》中被评为易危（VU）等级。

伯乐树 *Bretschneidera sinensis* Hemsl.

伯乐树属　　*Bretschneidera* Hemsl.　　　　　　　　　▶ 国家二级重点保护野生植物

俗　　　名：钟萼木

识别要点：乔木，高可达 20 米。树皮灰褐色。小枝具较明显的皮孔。羽状复叶，小叶 7~15 片；小叶片纸质或革质，多少偏斜，边缘全缘，腹面绿色，无毛，背面粉绿色或灰白色，叶脉在背面明显，侧脉 8~15 对。总花梗、花梗、花萼外面均具棕色短茸毛；花淡红色；花萼先端具 5 枚短齿；花瓣阔匙形或倒卵楔形。果椭圆球形、近球形或阔卵形。种子椭圆球形，平滑。花期 3~9 月，果期 5 月至翌年 4 月。

生　　　境：生于山地林中。

用　　　途：树皮药用，具有祛风活血的功效。

其　　　他：在 APG Ⅳ 分类系统中置于叠珠树科 Akaniaceae。在《广西本土植物及其濒危状况》中被评为近危（NT）等级。

平伐清风藤　*Sabia dielsii* H. Lévl.

清风藤属　*Sabia* Colebr.

识别要点：落叶攀缘木质藤本植物，长 1~2 米。嫩枝黄绿色或淡褐色，老枝紫褐色或褐色，具纵条纹，无毛；芽鳞质厚，三角形或三角状卵形。叶片纸质，卵状披针形、长圆状卵形或椭圆状卵形，两面均无毛；侧脉 4~6 对，网脉稀疏。聚伞花序具 2~6 朵花，花瓣 5 片，雄蕊 5 枚。分果爿近肾形，长 4~8 毫米；核无中肋，两侧具明显的蜂窝状凹穴，腹部平。花期 4~6 月，果期 7~10 月。

生　　境：生于山地、溪边灌木丛中、林缘。

用　　途：全株药用，具有祛风湿、止痛的功效，用于治疗风湿关节痛。

其　　他：中国特有植物。

秀丽楤木　*Aralia debilis* J. Wen

楤木属　*Aralia* L.

识别要点：灌木。小枝疏生细长直刺，刺长 6~7 毫米。二回羽状复叶，无毛，无刺或疏生刺；羽片具小叶 5~11 片，基部具小叶 1 对；小叶片薄纸质，卵形或卵状披针形，边缘疏生齿，侧脉 4~6 对。圆锥花序稀疏，分枝紫棕色，无毛；伞形花序小，具多朵花。果倒圆锥形，长约 2 毫米。花期 7 月。

生　　境：生于山谷林下。

用　　途：根药用，用于治疗跌打损伤。

其　　他：中国特有植物。

大橙杜鹃 *Rhododendron dachengense* G. Z. Li

杜鹃花属 *Rhododendron* L.

识别要点：灌木，高 2~3 米。小枝微黑灰色；幼枝密被茸毛，后脱落；芽鳞宿存。叶片革质，椭圆状长圆形至倒卵形，先端锐尖或短尖，基部楔形至圆形；背面具毛被 2 层，浓密，上层毛被脱毛，下层宿存；腹面绿色，无毛；中脉在腹面凹陷。总状花序伞形，具 4~7 朵花；花冠钟状，白色至粉红色，有时上面裂片红色具斑点，裂片 5~7 枚，近圆形；子房圆锥形，密被茸毛；花柱长约 2.3 厘米，无毛，柱头头状。花期 4 月。

生　　　境：生于山坡上。

其　　　他：广西特有植物。

少年红 *Ardisia alyxiifolia* Tsiang ex C. Chen

紫金牛属 *Ardisia* Sw.

识别要点：小灌木。具匍匐茎；幼茎密被锈色微柔毛，后无毛。叶片厚坚纸质至革质，卵形、披针形或长圆状披针形，先端渐尖，基部钝或圆，边缘具浅圆齿，齿间具边缘腺点。亚伞形花序或伞形花序侧生，密被微柔毛；萼片三角状卵形，具腺点；花瓣白色，稀粉红色，具疏腺点；花药披针形，具疏腺点。果直径约 5 毫米，红色，具腺点，花期 6~7 月，果期 10~12 月。

生　　境：生于山谷林下、坡地。

其　　他：在 APG Ⅳ 分类系统中置于报春花科 Primulaceae。中国特有植物。

短序杜茎山　*Maesa brevipaniculata* (C. Y. Wu & C. Chen) Pipoly & C. Chen

杜茎山属　*Maesa* Forssk.

识别要点：灌木。叶片披针形或卵状披针形，长 7~10 厘米，宽 1.5~2.3 厘米，稀长 8.5~13 厘米、宽 3~4.5 厘米，先端镰刀形或尾状渐尖，基部近圆形。花序极短，长 5~8 毫米，仅基部具 1~2 条分枝，花少数。花期 4~6 月，果期 10~12 月。

生　　　境：生于常绿阔叶林下、山地、沟边阴湿处。

其　　　他：在 APG Ⅳ 分类系统中置于报春花科 Primulaceae。中国特有植物。

银钟花 *Perkinsiodendron macgregorii* (Chun) P. W. Fritsch

银钟花属 *Perkinsiodendron* P. W. Fritsch

▶ 广西重点保护野生植物

俗　　名：山杨桃、假杨桃

识别要点：乔木，高可达 24 米。树皮光滑，灰色。小枝紫褐色，后渐变为灰褐色；冬芽长圆锥形，有鳞片包裹；鳞片 3~4 枚，褐色，有光泽。叶片纸质，椭圆形、长椭圆形或卵状椭圆形，侧脉 10~24 对。花先叶开放或与叶同放；花白色，常下垂，2~7 朵丛生于去年生小枝的叶腋。核果长椭圆形或椭圆形，少倒卵形，具 4 枚翅，初为肉质，黄绿色，熟后干燥后褐红色，顶端常具宿存的萼齿。花期 4 月，果期 7~10 月。

生　　境：生于海拔 700~1200 米的山地较阴湿的密林中。

用　　途：树干通直，边材淡黄色，心材淡红色，纹理致密，可用于制造家具、农具。

其　　他：中国特有植物。

白辛树 *Pterostyrax psilophyllus* Diels ex Perkins

白辛树属　*Pterostyrax* Siebold & Zucc.

安息香科　Styracaceae

俗　　名：刚毛白辛树、裂叶白辛树、鄂西野茉莉

识别要点：乔木，高可达 15 米。树皮灰褐色，不规则开裂。嫩枝被星状毛。叶片硬纸质，长椭圆形、倒卵形或倒卵状长圆形，边缘具细齿，近顶端有时具粗齿或 3 深裂，侧脉 6~11 对；叶柄密被星状柔毛，腹面具沟槽。圆锥花序顶生或腋生，第二次分枝几乎成穗状；花序梗、花梗和花萼均密被黄色星状茸毛。果近纺锤形，中部以下渐狭，连同喙共长约 2.5 厘米，具 5~10 条棱或有时相间的 5 条棱不明显，密被灰黄色舒展、丝质长硬毛。花期 4~5 月，果期 8~10 月。

生　　境：生于林中湿润处。

用　　途：可用作低海拔湿地造林树种、护堤树种。木材为散孔材，可作一般器具用材。根皮药用，具有散瘀的功效。

其　　他：中国特有植物。

赛山梅　*Styrax confusus* Hemsl.

安息香属　*Styrax* L.

俗　　　名：白山龙、乌蚊子、猛骨子、油榨果、白扣子

识别要点：小乔木，高 2~8 米。树皮灰褐色，平滑。嫩枝扁圆柱形，密被黄褐色星状短柔毛，老后毛脱落；老枝圆柱形，紫红色。叶片革质或近革质，椭圆形、长圆状椭圆形或倒卵状椭圆形，边缘具细齿，侧脉 5~7 对；叶柄长 1~3 毫米，腹面具深槽，密被黄褐色星状柔毛。总状花序顶生，具 3~8 朵花，下部常 2~3 朵花聚生于叶腋。果近球形或倒卵形，直径 8~15 毫米，外面密被灰黄色星状茸毛和星状长柔毛，常具皱纹。种子倒卵形，褐色，平滑或具深皱纹。花期 4~6 月，果期 9~11 月。

生　　　境：生于丘陵、山地疏林中，在气候温暖、土壤湿润的山地生长最好。

用　　　途：种子油可制作润滑油、肥皂、油墨等。叶、果药用；味辛，性温；具有祛风除湿的功效。

其　　　他：中国特有植物。

腺柄山矾 *Symplocos adenopus* Hance

山矾属 *Symplocos* Jacq.

俗　　名：赤牙木

识别要点：灌木或小乔木。小枝稍具棱，芽、嫩枝、嫩叶背面、叶脉、叶柄均被褐色柔毛。叶片纸质，椭圆状卵形或卵形，干后褐色，边缘及叶柄两侧具大小相间的半透明腺齿；中脉及侧脉在腹面明显凹陷，侧脉 6~10 对。团伞花序腋生，苞片和小苞片的外面均密被褐色长毛。核果圆柱形，顶端宿萼裂片直立。花期 11~12 月，果期翌年 7~8 月。

生　　境：生于山地、路边、疏林下。

其　　他：中国特有植物。

华素馨 *Jasminum sinense* **Hemsl.**

素馨属 *Jasminum* L.

俗　　名：华清香藤

识别要点：缠绕藤本植物，高 1~8 米。小枝圆柱形，淡褐色、褐色或紫色，密被锈色长柔毛。叶对生，三出复叶；小叶片纸质、卵形、宽卵形或卵状披针形，稀近圆形或椭圆形，边缘反卷，两面被锈色柔毛，羽状脉，侧脉 3~6 对；顶生小叶片较大，小叶柄短。聚伞花序常圆锥形排列，顶生或腋生，具多朵花，稍密集，稀单花腋生。果长圆形或近球形，黑色。花期 6~10 月，果期 9 月至翌年 5 月。

生　　境：生于山地、灌木丛中、林下。

用　　途：全株药用，具有消炎、止痛、活血、接骨的功效。

其　　他：中国特有植物。

毛杜仲藤 *Urceola huaitingii* (Chun & Tsiang) D. J. Middleton

水壶藤属 *Urceola* Roxb.

俗　　名：引汁藤、银花藤、鸡头藤、力酱梗、续断

识别要点：攀缘多枝灌木，长可达 13 米，具乳汁。除花冠裂片外，均被灰色或红色短茸毛。枝与小枝圆柱形，粗壮，具不规律的纵长细条纹，直径 2~3 毫米，具皮孔；节间长 2~5 厘米；叶腋间及腋内腺体众多，易落，黑色。叶生于枝顶；叶片薄纸质，老叶略厚，两面被柔毛，侧脉 10 对。花序近顶生或稀腋生，伞房状，具多朵花。蓇葖双生或 1 个不发育，卵圆状披针形，基部胀大，外果皮基部具多条皱纹。种子线状长圆形，暗黄色，被柔毛。花期 4~6 月，果期 7 月至翌年 6 月。

生　　境：生于山地疏林下、山谷阴湿处，攀缘于树上。

用　　途：全株药用，具有镇静、镇痛、降血压的功效。

其　　他：中国特有植物。

朱砂藤 *Cynanchum officinale* (Hemsl.) Tsiang & H. D. Zhang

鹅绒藤属 *Cynanchum* L.

俗　　名：野红薯藤

识别要点：藤状灌木。主根圆柱形，单生或自顶部起 2 分叉，干后暗褐色。嫩茎被单列毛。叶对生；叶片薄纸质，卵形或卵状长圆形，无毛或背面被微毛。聚伞花序腋生，具约 10 朵花；花萼裂片外面被微毛，花萼内面基部具 5 个腺体。蓇葖通常仅 1 个发育，向端部渐尖，基部狭楔形。种子长圆状卵形，顶端略截形。花期 5~8 月，果期 7~10 月。

生　　境：生于山地、路边、水边、灌木丛中、疏林下。

用　　途：根药用，具有补虚镇痛的功效。

其　　他：在 APG Ⅳ 分类系统中置于夹竹桃科 Apocynaceae。中国特有植物。

黑鳗藤　*Jasminanthes mucronata* (Blanco) W. D. Stevens & P. T. Li

黑鳗藤属　*Jasminanthes* Blume

俗　　　名：华千金子藤

识别要点：藤状灌木，长可达 10 米。茎被 2 列柔毛，枝被短柔毛。叶片纸质，卵圆状长圆形，侧脉约 8 对；叶柄被短柔毛，顶端具丛生腺体。聚伞花序假伞形，腋生或腋外生，通常具 2~4 朵花，稀具更多朵花；花萼裂片长圆形，钝头；花冠白色，含紫色液汁，花冠筒圆筒形。蓇葖长披针形，渐尖，无毛。种子长圆形，顶端具白色绢质种毛。花期 5~6 月，果期 9~10 月。

生　　　境：生于山地林下，攀缘于大树上。

其　　　他：在 APG IV 分类系统中置于夹竹桃科 Apocynaceae。中国特有植物。

巴戟天　*Morinda officinalis* F. C. How

巴戟天属　*Morinda* L.

▶ 国家二级重点保护野生植物

俗　　名：鸡肠风、巴吉、巴戟、大巴戟

识别要点：藤本植物。肉质根不定位肠状缢缩，根肉略紫红色，干后紫蓝色。嫩枝被长短不一的粗毛，后毛脱落变粗糙；老枝无毛，具棱，棕色或蓝黑色。叶片薄纸质，长圆形、卵状长圆形或倒卵状长圆形，边缘全缘，干后棕色，侧脉（4）5~7 对。花序 3~7 个伞形排列于枝顶；头状花序具 4~10 朵花；花（2）3（4）基数，无花梗。聚花核果由多朵花或单朵花发育而成，熟时红色，扁球形或近球形；核果具三棱形分核，内面具种子 1 粒，果柄极短。种子熟时黑色，略三棱形，无毛。花期 5~7 月，果期 10~11 月。

生　　境：生于山地林下、灌木丛中，常攀缘于灌木或树干上。

用　　途：根（巴戟天）、茎药用；味甘、辛，性微温；具有补肾阳、强筋骨、祛风湿的功效。

其　　他：中国特有植物。在《中国生物多样性红色名录》中被评为易危（VU）等级。

华南乌口树 *Tarenna austrosinensis* Chun & F. C. How ex W. C. Chen

乌口树属 *Tarenna* Gaertn.

识别要点：灌木，高约 2 米。枝和小枝圆柱形，无毛。叶片纸质或膜质，长圆形或长圆状披针形，两面无毛或背面被极疏的短柔毛，侧脉 6~7 对；托叶卵状渐尖，无毛，脱落。伞房状聚伞花序顶生，少花，被短柔毛；花冠淡绿色；花药线形，胚珠每室 6~9 颗。浆果球形，直径 5~6 毫米。种子 6~14 粒。花期 4~5 月，果期 8~9 月。

生　　境：生于山地林下。

其　　他：中国特有植物。在《广西本土植物及其濒危状况》中被评为极危（CR）等级。

广西蒲儿根 *Sinosenecio guangxiensis* C. Jeffrey & Y. L. Chen

蒲儿根属 *Sinosenecio* B. Nord.

识别要点：葶状多年生草本。根茎短粗，颈部密被黄褐色茸毛，覆盖宿存残叶基，具多数纤维状根；茎单生，葶状，纤细，直立。基生叶少数，莲座状，花期生存，具长柄；叶片近圆形或肾形；叶柄较粗，基部略扩大，密被黄褐色长柔毛。头状花序（1）2~7个排成顶生伞房花序；总苞半球形，具外层小苞片；小苞片疏生，8~10枚。瘦果圆柱形，长1.5~2毫米，具肋，被短柔毛；冠毛白色，长3.5~4毫米。花期6~7月。

生　　境：生于林下、溪边、岩石潮湿处。

用　　途：全株（白背青）药用，用于治疗风湿关节痛。

其　　他：广西特有植物。

褐柄合耳菊　*Synotis fulvipes* (Y. Ling) C. Jeffrey & Y. L. Chen

合耳菊属　*Synotis* (C. B. Clarke) C. Jeffrey & Y. L. Chen

识别要点：直立多年生草本。根茎短，木质，多少肿胀；营养茎短，被黄褐色茸毛，叶基周围茸毛更密。叶近基生，近莲座状；叶片倒卵状披针形或近匙形；羽状脉，侧脉 4~5 对，弧状上升，在背面明显；近无柄或具短柄。花茎单生，葶状，上升至直立，不分枝或稀少分枝，密被黄褐色茸毛；总苞钟状，基部被茸毛，外层苞片线形或茸状披针形。瘦果（未成熟）圆柱形，长约 2.5 毫米，无毛；冠毛白色，长 8~9 毫米。花期 8~10 月。

生　　境：生于山谷密林下。

其　　他：中国特有植物。

流苏龙胆 *Gentiana panthaica* Prain & Burkill

龙胆属　*Gentiana* (Tourn.) L.

　　识别要点：一年生草本，高 4~10 厘米。茎黄绿色，光滑，从基部起多分枝；枝铺散，斜升。叶片先端急尖，基部圆形或心形，半抱茎，叶脉 1~3 条；基生叶大，卵形或卵状椭圆形，在花期枯萎，宿存。花多数，单生于小枝顶端；花冠狭钟形，淡蓝色，外面具蓝灰色宽条纹。蒴果内藏或仅顶端外露，矩圆形，顶端钝圆，具宽翅，两侧边缘具狭翅，基部渐狭成柄。种子矩圆形，淡褐色，长 1.3~1.5 毫米，表面具致密细网纹。花果期 5~8 月。

　　生　　境：生于山坡草地上、灌木丛中、林下、林缘、河边、路边。

　　其　　他：中国特有植物。

广西过路黄 *Lysimachia alfredii* **Hance**

珍珠菜属 *Lysimachia* L.

识别要点：草本。茎簇生，直立或有时基部倾卧生根，被褐色多细胞柔毛。叶对生；茎下部的叶较小，叶片常圆形；茎上部的叶较大，茎端的 2 对叶间距很短，密聚成轮生状，叶片卵形至卵状披针形。总状花序顶生，缩短成近头状，花序轴极短或长约 1 厘米；苞片阔椭圆形或阔倒卵形，先端钝圆，基部渐狭，密被糙伏毛。蒴果近球形，褐色，直径 4~5 毫米。花期 4~5 月，果期 6~8 月。

生　　境：生于山谷溪边、沟边湿地、林下、灌木丛中。

用　　途：全株药用；味苦、辛，性凉；具有祛风除湿、活血止血的功效。

其　　他：中国特有植物。

姑婆山马铃苣苔　*Oreocharis tetraptera* F. Wen, B. Pan & T. V. Do

马铃苣苔属　*Oreocharis* Benth.

　　识别要点：多年生草本。叶基生，莲座状；叶片卵形至宽椭圆形，边缘两侧均具圆齿，腹面密被近直立白毛；叶柄圆筒状，疏生或密被卷曲棕色短柔毛。聚伞花序腋生，花序披针形至线形，边缘近全缘；花梗被浓密短柔毛；花萼 4 裂，线形；花冠筒宽漏斗状；花冠二唇形；雄蕊 2 枚，花丝线形；子房圆柱形，花柱无毛，柱头 2 裂，扇形。蒴果线形。花期 8 月，果期 10 月。

　　生　　境：生于山顶林下、沟边、石壁上。

　　其　　他：广西特有植物。

老鸦糊 *Callicarpa giraldii* Hesse ex Rehder

紫珠属 *Callicarpa* L.

俗　　名：小米团花、紫珠、鱼胆

识别要点：灌木，高可达 3 米。小枝圆柱形，灰黄色，被星状毛。叶片纸质，宽椭圆形至披针状长圆形，边缘具齿，侧脉 8~10 对；叶柄长 1~2 厘米。聚伞花序宽 2~3 厘米，4~5 回分歧，被毛与小枝同；花萼钟状，疏被星状毛，老后毛常脱落，具黄色腺点，长约 1.5 毫米，萼齿钝三角形；花冠紫色，稍被毛，具黄色腺点。果球形，紫色，初时疏被星状毛，熟时无毛。花期 5~6 月，果期 7~11 月。

生　　境：生于疏林下、灌木丛中。

用　　途：全株药用，具有清热、和血、解毒的功效。

其　　他：在 APG IV 分类系统中置于唇形科 Lamiaceae。中国特有植物。

钩毛紫珠　*Callicarpa peichieniana* Chun & S. L. Chen

紫珠属　*Callicarpa* L.

　　识别要点：灌木，高约 2 米。小枝圆柱形，细弱，密被钩状小糙毛和黄色腺点。叶片菱状卵形或卵状椭圆形，先端尾尖或渐尖，基部宽楔形或钝圆，边缘上半部疏生小齿，两面无毛，密被黄色腺点，侧脉 4~5 对，细脉不明显；叶柄极短或无柄。聚伞花序单一（稀 2 回分歧），具 1~7 朵花，花序梗纤细；苞片线形；花萼杯状，具黄色腺点；花冠紫红色，被细毛和黄色腺点。果球形，直径约 4 毫米，熟时紫红色，具 4 个分核。花期 6~7 月，果期 8~11 月。

　　生　　　境：生于林下、林缘。

　　其　　　他：在 APG Ⅳ 分类系统中置于唇形科 Lamiaceae。中国特有植物。

南方香简草 *Keiskea australis* C. Y. Wu & H. W. Li

香简草属 *Keiskea* Miq.

识别要点：直立草本。茎钝四棱形，高 50~80 厘米，具 4 条浅槽，淡红色。叶片卵圆形至卵状长圆形，先端短渐尖或锐尖，基部阔楔形至圆形或偏斜的浅心形，边缘具近乎整齐的圆齿。花序为顶生的总状花序，生于枝端，花序轴密被具腺短柔毛；雄蕊 4 枚，前一对远伸出花冠外，后一对内藏，花丝扁平，无毛，花药 2 室，室平叉开；花柱丝状，伸出花冠外，花盘前方指状膨大，子房裂片无毛。花期 10 月。

生　　境：生于山谷疏林下。

其　　他：中国特有植物。

大柱霉草 *Sciaphila secundiflora* **Thwaites ex Bentham**

霉草属 *Sciaphila* Blume

识别要点：腐生草本，淡红色，无毛。根多，纤细而稍成束，左右曲折，稍被疏柔毛。茎通常不分枝，少有分枝。叶少数；叶片鳞片状，卵状披针形，向上渐小而狭，先端具尖头或凹。花雌雄同株；总状花序短而直立，疏松排列 3~9 朵花；花梗向上略弯，苞片长 1~3 毫米，花被大多 6 裂，裂片钻形，长 2~3 毫米；雄花位于花序上部，雄蕊 3 枚，有时 2 枚，花丝近无；雌花具多数堆集成球状的倒卵形子房，乳突状，长约 0.5 毫米。

生　　境：生于林下。

其　　他：在《广西本土植物及其濒危状况》中被评为极危（CR）等级。

白丝草　*Chamaelirium chinese* (K. Krause) N. Tanaka

仙仗花属　*Chamaelirium* Willd.

俗　　名：中国白丝草

识别要点：草本。叶片椭圆形至矩圆状披针形，边缘皱波状。花葶高可达 40 厘米；穗状花序长 3~14 厘米，具多朵花；花芳香，近轴的 3~4 枚花被片匙状狭条形至近丝状，淡黄色；雄蕊长 1~1.5 毫米，其中 3 枚较长，花药在顶端常多少汇合成一室。蒴果狭倒卵形，长约 4 毫米，宽 2 毫米，上半部开裂。种子多数，梭形，长 1.8~2.8 毫米，下端具尾，尾长为种子长的 1/6~1/3。花期 4~5 月，果期 6 月。

生　　境：生于山地、路边荫蔽处、潮湿处。

用　　途：全株药用，具有利尿通淋、清热安神的功效，外用于治疗烧烫伤。

其　　他：在 APG Ⅳ 分类系统中置于藜芦科 Melanthiaceae。中国特有植物。

华重楼 *Paris polyphylla* var. *chinensis* (Franch.) Hara

重楼属 *Paris* L.

俗　　名：七叶一枝花

识别要点：草本。叶 5~8 片轮生，通常 7 片；叶片倒卵状披针形、矩圆状披针形或倒披针形，基部通常楔形。内轮花被片狭条形，通常中部以上变宽，宽 1~1.5 毫米，长 1.5~3.5 厘米，长为外轮花被片的 1/3 至与外轮花被片近等长或稍超过；雄蕊 8~10 枚，花药长 1.2~1.5（2）厘米，长为花丝的 3~4 倍，药隔突出部分长 1~1.5（2）毫米。花期 5~7 月，果期 8~10 月。

生　　境：生于林下阴处、沟边草丛中。

用　　途：根茎（重楼）药用；味苦，性微寒，有小毒；外用于治疗疖肿、痄腮。

其　　他：在 APG Ⅳ 分类系统中置于藜芦科 Melanthiaceae。在《中国生物多样性红色名录》中被评为易危（VU）等级。

柳叶薯蓣　*Dioscorea linearicordata* Prain & Burkill

薯蓣属　*Dioscorea* L.

　　识别要点：缠绕草质藤本植物。块茎长圆柱形，垂直生长，外皮干时淡土黄色或棕黄色，断面白色。单叶，在茎下部的叶互生，在茎中部以上的叶对生；叶片纸质，线状披针形至披针形或线形，两面无毛，背面常具白粉，基出脉5~7条；叶腋内具珠芽。雄花序为穗状花序，2个至数个或单生于叶腋，雄花的外轮花被片卵状宽椭圆形或宽卵形，雄蕊6枚；雌花序为穗状花序，单生于叶腋，雌花的外轮花被片宽卵形，内轮花被片倒卵形，具退化雄蕊。蒴果不反折，三棱状扁圆形。种子着生于每室中轴中部，四周具膜质翅。花期6月，果期7月。

　　生　　境：生于山地灌木丛中、疏林下。

　　其　　他：在《中国生物多样性红色名录》中被评为濒危（EN）等级。

毛胶薯蓣　*Dioscorea subcalva* Prain & Burkill

薯蓣属　*Dioscorea* L.

俗　　名：近光薯蓣

识别要点：缠绕草质藤本植物。块茎圆柱形，垂直生长，表面具须根，新鲜时断面白色；茎具曲柔毛，老后毛逐渐脱落近无毛。叶片卵状心形或圆心形，先端渐尖或尾尖，腹面无毛，背面被疏毛或无毛。花单性，雌雄异株；雄花 2~6 朵组成小聚伞花序，若干小花序再排成穗状花序；雌花序穗状，长 4~14 厘米。蒴果三棱状倒卵形或三棱状长圆形，边缘全缘或浅波状。种子 2 粒，着生于每室中轴中下部，有时 1 粒不发育；种翅薄膜质，向蒴果顶端延伸成宽翅。花期 7~8 月，果期 9~10 月。

生　　境：生于山地灌木丛中、林缘、路边较湿润处。

用　　途：块茎含薯蓣胶，可制作黏合剂，还可提取淀粉。块茎药用，具有健脾祛湿、补肺肾的功效。

其　　他：中国特有植物。在《中国生物多样性红色名录》中被评为濒危（EN）等级。

头花水玉簪 *Burmannia championii* Thwaites

水玉簪属 *Burmannia* L.

识别要点：一年生腐生草本。根茎块状；茎直立，纤细，高 6~8 厘米，白色。无基生叶；茎生叶退化呈鳞片状，膜质，披针形，紧贴。苞片披针形，长 3.5~5.5 毫米；花近无柄，通常 2~7（12）朵簇生于茎顶呈头状，罕见二歧蝎尾状聚伞花序，白色，无翅且仅具 3 条脉；花柱粗线形，柱头 3 裂。蒴果倒卵形，长约 2.5 毫米。花期 7 月。

生　　境：生于潮湿的林下，腐生于树根上。

其　　他：在《广西本土植物及其濒危状况》中被评为极危（CR）等级。

金线兰 *Anoectochilus roxburghii* (Wall.) Lindl.

开唇兰属 *Anoectochilus* Blume　　　　　　　　▶ 国家二级重点保护野生植物

俗　　名：花叶开唇兰

识别要点：草本，高 8~18 厘米。根茎肉质，伸长，匍匐，具节，节上生根；茎肉质，直立，圆柱形，具（2）3~4 片叶。叶片卵圆形或卵形，腹面暗紫色或黑紫色，具金红色带绢丝光泽的美丽网脉，背面淡紫红色。总状花序具 2~6 朵花，花序轴淡红色，和花序梗均被柔毛，花序梗具 2~3 枚鞘苞片；柱头 2 个，离生，位于蕊喙基部两侧。花期（8）9~11（12）月。

生　　境：生于常绿阔叶林下、山谷阴湿处。

用　　途：全株（金线兰）药用；味甘，性平；具有清热凉血、解毒消肿、润肺止咳的功效。

其　　他：在《中国生物多样性红色名录》中被评为濒危（EN）等级。

浙江金线兰　*Anoectochilus zhejiangensis* Z. Wei & Y. B. Chang

开唇兰属　*Anoectochilus* Blume　　　　　　　▶ 国家二级重点保护野生植物

俗　　名：浙江开唇兰

识别要点：草本，高 8~16 厘米。根茎匍匐，淡红黄色，具节，节上生根；茎肉质，淡红褐色，被柔毛，下部集生 2~6 片叶，叶之上具 1~2 枚鞘状苞片。叶片稍肉质，宽卵形至卵圆形，边缘全缘、微波状，腹面鹅绒状绿紫色，具金红色带绢丝光泽的美丽网脉，背面略带淡紫红色，基部骤狭成柄。总状花序具 1~4 朵花，花序轴被柔毛；苞片膜质，卵状披针形；柱头 2 个，离生，位于蕊喙的基部两侧。花期 7~9 月。

生　　境：生于山地、沟边密林下阴湿处。

其　　他：中国特有植物。在《中国生物多样性红色名录》中被评为濒危（EN）等级。

无叶兰 *Aphyllorchis montana* **Rchb. f.**

无叶兰属 *Aphyllorchis* Blume

识别要点：草本，高 43~70 厘米。具直生、多节的根茎；茎直立，无绿叶，下部具多枚抱茎的鞘，上部具数枚鳞片状的不育苞片。总状花序长 10~20 厘米，疏生数朵至 10 余朵花；苞片反折，线状披针形，长度明显短于花梗和子房；上唇卵形，长 5~7 毫米，有时多少 3 裂，边缘稍波状；蕊柱长 7~10 毫米，稍弯曲，顶端略扩大。花期 7~9 月。

生　　境：生于山地林下。

瘤唇卷瓣兰 *Bulbophyllum japonicum* (Makino) Makino

石豆兰属 *Bulbophyllum* Thouars

俗　　名：日本红花石豆兰、日本卷瓣兰

识别要点：草本。根茎纤细，直径约 1.2 毫米，每隔 7~18 毫米处生 1 个假鳞茎；假鳞茎卵球形，顶生 1 片叶。叶片革质，长圆形或有时斜长圆形。花葶从假鳞茎基部抽出，通常高出叶层；伞形花序常具 2~4 朵花；花序梗粗约 0.8 毫米，具 3 枚筒状鞘；蕊柱齿钻状，长约 0.7 毫米；药帽半球形，前缘顶端近圆形，边缘全缘。花期 6 月。

生　　境：生于山地阔叶林中的树干上、沟边阴湿岩石上。

广东石豆兰 *Bulbophyllum kwangtungense* Schltr.

石豆兰属 *Bulbophyllum* Thouars ▶ 广西重点保护野生植物

识别要点：草本。根茎直径约 2 毫米，当年生根茎常被筒状鞘，每隔 2~7 厘米处生 1 个假鳞茎。根出自生有假鳞茎的根茎节上。假鳞茎直立，圆柱形，顶生 1 片叶，幼时被膜质鞘。叶片革质，长圆形，先端圆钝且稍凹。花葶 1 个，从假鳞茎基部或靠近假鳞茎基部的根茎节上抽出；总状花序缩短呈伞状，具 2~4（7）朵花；花序梗直径约 0.5 毫米，疏生 3~5 枚鞘。花期 5~8 月。

生　　境：生于山地林下岩石上。

用　　途：全株（广东石豆兰）药用；味甘、淡，性寒；具有滋阴润肺、止咳化痰、清热消肿的功效。

其　　他：中国特有植物。

齿瓣石豆兰 *Bulbophyllum levinei* Schltr.

石豆兰属 *Bulbophyllum* Thouars

俗　　名：瓶壶卷瓣兰

识别要点：草本。根茎纤细，匍匐生根；假鳞茎在根茎上聚生，近圆柱形或瓶状，顶生 1 片叶，基部被鞘或鞘腐烂后残留的纤维。叶片薄革质，狭长圆形或倒卵状披针形。花葶从假鳞茎基部抽出，纤细，直立，光滑无毛，高出叶层；总状花序缩短呈伞状，常具 2~6 朵花；花序梗直径约 0.5 毫米，疏生 2~3 枚筒状鞘；苞片直立，狭披针形。花期 5~8 月。

生　　境：生于山地林中的树干上、沟边岩石上。

用　　途：全株药用；味甘、淡，性寒；具有滋阴降火、清热消肿的功效。

翘距虾脊兰 *Calanthe aristulifera* Rchb. f.

虾脊兰属 *Calanthe* R. Br.

俗　　名：垂花根节兰、翘距根节兰

识别要点：草本。假鳞茎近球形，直径约 1 厘米，具 3 枚鞘和 2~3 片叶。叶片纸质，倒卵状椭圆形或椭圆形，背面密被短毛。花葶 1~2 个，出自假茎上端，密被短毛；总状花序长 6~25 厘米，疏生约 10 朵花；苞片宿存，狭披针形；花白色或粉红色，有时白色带淡紫色，半开放；中萼片长圆状披针形，具 5 条脉，背面被短毛。花期 2~5 月。

生　　境：生于山地、沟边阴湿处、密林下。

剑叶虾脊兰 *Calanthe davidii* Franch.

虾脊兰属 *Calanthe* R. Br.　　　　　　　　　　　　▶ 广西重点保护野生植物

俗　　名：长叶根节兰

识别要点：紧密聚生的草本。无明显的假鳞茎和根茎；假茎通常长 4~10 厘米，具数枚鞘和 3~4 片叶。叶在花期全部展开；叶片剑形或带状，两面无毛，具 3 条主脉。花葶出自叶腋，直立，粗壮，密被细花；花序下疏生数枚紧贴花序梗的筒状鞘；总状花序长 8~20（30）厘米，密生多朵小花。蒴果卵球形，长约 13 毫米，直径约 7 毫米。花期 6~7 月，果期 9~10 月。

生　　境：生于山谷、溪边、林下。

用　　途：根、假鳞茎或全株（马牙七）药用；味辛、苦，性寒，有小毒。

乐昌虾脊兰 *Calanthe lechangensis* Z. H. Tei & Tang

虾脊兰属 *Calanthe* R. Br.

▶ 广西重点保护野生植物

识别要点：草本。根茎不明显；假鳞茎粗短，圆锥形，直径约 1 厘米，常具 3 枚鞘和 1 片叶。叶在花期尚未展开；叶片宽椭圆形，两面无毛。总状花序长 3~4 厘米，疏生 4~5 朵花；苞片宿存，卵状披针形，长 4~5 毫米，先端急尖并呈芒状，膜质，无毛；花梗和子房均长约 1.2 厘米，密被短柔毛。花期 3~4 月。

生　　境：生于密林下。

其　　他：中国特有植物。在《中国生物多样性红色名录》中被评为濒危（EN）等级，在《广西本土植物及其濒危状况》中被评为极危（CR）等级。

细花虾脊兰　*Calanthe mannii* Hook. f.

虾脊兰属　*Calanthe* R. Br.

识别要点：草本。根茎不明显；假鳞茎粗短，圆锥形，直径约 1 厘米，具 2~3 枚鞘和 3~5 片叶。叶在花期尚未展开，折扇状；叶片倒披针形或有时长圆形，先端急尖，背面被短毛。花葶从假茎上端的叶间抽出，直立，高出叶层，密被短毛；总状花序长 4~10 厘米，疏生或密生 10 余朵小花；苞片宿存，披针形。花期 5 月。

生　　境：生于山地林下。

用　　途：全株药用；味苦、辛，性凉；具有清热解毒、软坚散结、祛风镇痛的功效。

反瓣虾脊兰　*Calanthe reflexa* (Kuntze) Maxim.

虾脊兰属　*Calanthe* R. Br.　　　　　　　　　　　　　▶ 广西重点保护野生植物

识别要点：草本。假鳞茎粗短，直径约 1 厘米；假茎长 2~3 厘米，具 1~2 枚鞘和 4~5 片叶。叶在花期全部展开；叶片椭圆形，先端锐尖，基部收狭为长 2~4 厘米的柄，两面无毛。花葶 1~2 个，直立，远高出叶层，被短毛；总状花序长 5~20 厘米，疏生多朵花；苞片狭披针形，先端渐尖，无毛；花梗纤细，连同棒状的子房共长约 2 厘米，无毛；花粉红色，开花后萼片和花瓣反折并与子房平行。花期 5~6 月。

生　　境：生于常绿阔叶林下、山谷溪边、生有苔藓的岩石上。

用　　途：全株药用；味辛、苦，性凉；具有清热解毒、软坚散结、活血、止痛的功效。

异大黄花虾脊兰　*Calanthe sieboldopsis* Bo Y. Yang & Bo Li

虾脊兰属　*Calanthe* R. Br.

▶广西重点保护野生植物

　　识别要点：草本，高 35~45 厘米。根茎伸长，粗壮；假鳞茎小，不明显，被叶片基部遮蔽，具 3~5 枚基生鞘。叶 4~7 片，花期展开，不落叶。花葶生于叶腋，被微柔毛，散生 8~11 朵花；苞片宿存，披针形；花大，稍肉质，明黄色，除唇基部外无毛；背萼片椭圆形，侧萼片狭长圆形；花瓣倒卵状披针形，基部变窄，先端锐尖；唇附于柱翅，平展，黄色，基部具红色斑驳，3 深裂。花期 4~5 月，果期 4 月下旬至 6 月上旬。

　　生　　境：生于湿润山谷、常绿阔叶林边缘。

银兰　*Cephalanthera erecta* (Thunb.) Bl.

头蕊兰属　*Cephalanthera* Rich.　　　　　　▶ 广西重点保护野生植物

识别要点：地生草本，高 10~30 厘米。茎纤细，直立，下部具 2~4 枚鞘，中部以上具 2~4（5）片叶。叶片椭圆形至卵状披针形，基部收狭并抱茎。总状花序长 2~8 厘米，具 3~10 朵花；花序轴具棱；苞片通常较小，狭三角形至披针形；花白色；萼片长圆状椭圆形，先端急尖或钝，具 5 条脉；唇瓣长 5~6 毫米，3 裂，基部具距。蒴果狭椭圆形或宽圆筒形，长约 1.5 厘米，宽 3.5~4.5 毫米。花期 4~6 月，果期 8~9 月。

生　　境：生于林下、灌木丛中、沟边土层厚且有一定阳光处。

用　　途：全株（银兰）药用，具有清热利尿、解毒、祛风、活血的功效。

金兰　*Cephalanthera falcata* (Thunb. ex A. Murray) Blume

头蕊兰属　*Cephalanthera* Rich.

俗　　名：碧江头蕊兰

识别要点：地生草本，高可达 50 厘米。茎直立，下部具 3~5 枚鞘。叶 4~7 片；叶片椭圆形、椭圆状披针形或卵状披针形，先端渐尖或钝，基部收狭并抱茎。总状花序长 3~8 厘米，通常具 5~10 朵花；苞片很小，长 1~2 毫米，最下面的 1 枚非叶状，长度不超过花梗和子房；花黄色，直立，稍微张开；萼片菱状椭圆形。蒴果狭椭圆形，长 2~2.5 厘米，宽 5~6 毫米。花期 4~5 月，果期 8~9 月。

生　　境：生于林下、灌木丛中、草地上、沟边。

用　　途：全株（金兰）药用；味辛、甘，性温；具有清热、泻火、消肿、祛风、健脾、活血的功效。

台湾吻兰 *Collabium formosanum* **Hayata**

吻兰属 *Collabium* Blume　　　　　　　　　　　▶ 广西重点保护野生植物

俗　　名：金唇兰、台湾柯丽白兰

识别要点：草本。假鳞茎疏生于根茎上，圆柱形，长 1.5~3.5 厘米，直径 2~4 毫米，被鞘。叶片厚纸质，卵状披针形或长圆状披针形，先端渐尖，基部近圆形或有时楔形，边缘波状，具许多弧形脉，具长 1~2 厘米的柄。花葶长可达 38 厘米；总状花序疏生 4~9 朵花；花序梗被 3 枚鞘。花期 5~9 月。

生　　境：生于山地密林下、沟边林下岩石上。

建兰　*Cymbidium ensifolium* (L.) Sw.

兰属　*Cymbidium* Sw.　　　　　▶ 国家二级重点保护野生植物

俗　　名：四季兰

识别要点：地生草本。假鳞茎卵球形，包藏于叶基内。叶 2~4（6）片；叶片带形，具光泽，前部边缘有时具细齿，关节位于距基部 2~4 厘米处。花葶从假鳞茎基部抽出，直立；总状花序具 3~9（13）朵花；苞片除最下面的 1 枚外，一般长度不及花梗和子房长度的 1/3；花常具香气，色泽变化较大，通常浅黄绿色且具紫斑。花期通常 6~10 月。

生　　境：生于疏林下、灌木丛中、山谷、草丛中。

用　　途：全株（兰草）药用；味辛、甘、微苦，性平；具有滋阴润肺、止咳化痰、活血止痛的功效。根（兰草根）药用，具有滋阴润肺、止咳化痰的功效。花（兰草花）药用；味辛，性平；具有理气、宽中、明目的功效。

其　　他：在《中国生物多样性红色名录》中被评为易危（VU）等级。

多花兰　*Cymbidium floribundum* Lindl.

兰属　*Cymbidium* Sw.

识别要点：附生草本。假鳞茎近卵球形，包藏于叶基内。叶通常 5~6 片；叶片坚纸质，带形，先端钝或急尖，中脉与侧脉在背面突起，关节位于距基部 2~6 厘米处。花葶自假鳞茎基部穿鞘而出，近直立或外弯；花序通常具 10~40 朵花；苞片小；萼片与花瓣红褐色或偶见绿黄色，极罕见灰褐色。蒴果近长圆形，长 3~4 厘米，宽 1.3~2 厘米。花期 4~8 月。

生　　境：生于林下、林缘的树上和溪边透光的岩石上、岩壁上。

用　　途：全株药用；味辛，性平；具有清热解毒、滋阴润肺、止咳化痰的功效。

其　　他：在《中国生物多样性红色名录》中被评为易危（VU）等级。

春兰 *Cymbidium goeringii* (Rchb. f.) Rchb. f.

兰属　*Cymbidium* Sw.　　　　　　　　　　　　▶ 国家二级重点保护野生植物

俗　　　名：兰花、朵朵香、草兰

识别要点：地生草本。假鳞茎较小，卵球形，长 1~2.5 厘米，宽 1~1.5 厘米，包藏于叶基内。叶 4~7 片；叶片带形，基部常多少对折而呈 V 形，边缘无齿或具细齿。花葶从假鳞茎基部外侧叶腋中抽出，直立，明显短于叶；花序具单朵花，极罕见具 2 朵花；苞片长而宽，一般长 4~5 厘米，多少围抱子房。蒴果狭椭圆形，长 6~8 厘米，宽 2~3 厘米。花期 1~3 月。

生　　　境：生于多石山地、林缘、林下透光处。

用　　　途：根药用；味辛，性凉，有小毒；具有活血化瘀、凉血解毒的功效。全株药用，具有清热润燥、驱蛔虫、补虚的功效。

其　　　他：在《中国生物多样性红色名录》中被评为易危（VU）等级。

寒兰 *Cymbidium kanran* Makino

兰属 *Cymbidium* Sw. ▶国家二级重点保护野生植物

识别要点：地生草本。假鳞茎狭卵球形，包藏于叶基内。叶 3~5（7）片；叶片薄革质，带形，暗绿色，略有光泽，前部边缘常具细齿，关节位于距基部 4~5 厘米处。花葶从假鳞茎基部抽出，直立，长 25~60 厘米；总状花序疏生 5~12 朵花；苞片狭披针形，最下面 1 枚长可达 4 厘米；花常淡黄绿色，具淡黄色唇瓣，常具浓烈香气；萼片近线形或线状狭披针形，先端渐尖。蒴果狭椭圆形，长约 4.5 厘米，宽约 1.8 厘米。花期 8~12 月。

生　　境：生于林下、溪边和稍荫蔽、湿润、多石的土壤上。

用　　途：全株药用，具有清心润肺、止咳平喘的功效。

其　　他：在《中国生物多样性红色名录》中被评为易危（VU）等级。

兔耳兰 *Cymbidium lancifolium* Hook. f.

兰属 *Cymbidium* Sw.　　　　　　　　　　▶ 广西重点保护野生植物

俗　　名：二叶兰、长茎兔耳兰

识别要点：半附生草本。假鳞茎近扁圆柱形或狭梭形，具节，多少裸露，顶端聚生 2~4 片叶。叶片倒披针状长圆形至狭椭圆形，先端渐尖，前部边缘具细齿，基部收狭为柄。花葶从假鳞茎下部侧面节上抽出，直立；花序具 2~6 朵花，较少减退为单花或具更多的花；花通常白色至淡绿色；花瓣上具紫栗色中脉；唇瓣上具紫栗色斑。蒴果狭椭圆形，长约 5 厘米，宽约 1.5 厘米。花期 5~8 月。

生　　境：生于林下、林缘和溪边的岩石上、树上。

用　　途：全株药用，具有补肝肺、祛风除湿、强筋骨、清热解毒、消肿的功效。

重唇石斛 *Dendrobium hercoglossum* Rchb. f.

石斛属 *Dendrobium* Sw.　　　　　　　　　　　　　　▶ 广西重点保护野生植物

俗　　名：网脉唇石斛

识别要点：草本。茎下垂，圆柱形或有时从基部上方向下逐渐变粗，节间长 1.5~2 厘米，干后淡黄色。叶片薄革质，狭长圆形或长圆状披针形，先端钝且不对称 2 圆裂，基部具紧抱茎的鞘。总状花序通常数个，常具 2~3 朵花；花序轴瘦弱，长 1.5~2 厘米，有时稍回折状弯曲；花序梗绿色，基部被 3~4 枚短筒状鞘；苞片小，干膜质，卵状披针形。花期 5~6 月。

生　　境：生于山地密林中的树干上、山谷湿润的岩石上。

用　　途：茎（黄草钗斛）药用；味甘、淡，性微寒；具有滋阴益胃、清热润肺、生津止渴的功效。

钳唇兰 *Erythrodes blumei* (Lindl.) Schltr.

钳唇兰属 *Erythrodes* Blume

▶ 广西重点保护野生植物

俗　　名：阔叶细笔兰、小唇兰、小蝇兰、台湾小蝇兰

识别要点：草本，高可达 60 厘米。根茎伸长，匍匐，具节，节上生根；茎直立，圆柱形，绿色，下部
具 3~6 片叶。叶片卵形、椭圆形或卵状披针形，有时稍歪斜，先端急尖，基部宽楔形或钝圆，腹面暗绿色，
背面淡绿色，具 3 条明显的主脉，具柄；叶柄长 2~4 厘米，基部扩大成抱茎的鞘。花茎被短柔毛，具 3~6
枚鞘状苞片；总状花序顶生，密生多朵花。花期 4~5 月。

生　　境：生于山地常绿阔叶林下阴处。

春天麻 *Gastrodia fontinalis* T. P. Lin

天麻属 *Gastrodia* R. Br.

俗　　名：春赤箭

识别要点：草本，矮小，高 7~12 厘米。根茎细长，圆柱状，多少弯曲，横走或有时近直生；茎直立，无绿叶，淡褐色，中下部具 3~4 枚抱茎鞘。总状花序具 1~3 朵花；花梗和子房均长约 1.5 厘米，暗褐色；花肉质，钟形；萼片和花瓣合生成的花被筒长占花全长的 3/5~2/3，上部较下部宽，外面被小疣状突起。蒴果长圆柱形，表面具小疣状突起；果柄延长可达 17 厘米。花果期 2 月。

生　　境：生于竹林下乱石缝中。

北插天天麻 *Gastrodia peichatieniana* S. S. Ying

天麻属　*Gastrodia* R. Br.

俗　　　名：北插天赤箭、秋赤箭、秋天麻

识别要点：草本，高可达 40 厘米。根茎肉质，多少块茎状；茎直立，无绿叶，淡褐色，具 3~4 节，节上无宿存鞘。总状花序具 4~5 朵花；花梗和子房均长 7~9 毫米，白色或多少带淡褐色；花近直立，长 6~8 毫米，白色或多少带淡褐色；萼片和花瓣合生成细长的花被筒，筒长 5~6 毫米，顶端具 5 枚裂片。花期 10 月。

生　　　境：生于林下。

多叶斑叶兰 *Goodyera foliosa* (Lindl.) Benth. ex C. B. Clarke

斑叶兰属　*Goodyera* R. Br.

俗　　　名：厚唇斑叶兰、高岭斑叶兰

识别要点：草本，高可达 25 厘米。根茎茎状，伸长，匍匐，具节；茎直立，绿色，具 4~6 片叶。叶疏生于茎上或集生于茎的上半部；叶片卵形至长圆形，偏斜，先端急尖，基部楔形或圆形，绿色，具柄；叶柄长 1~2 厘米，基部扩大成抱茎的鞘。花茎直立，被毛；总状花序具几朵至多朵密生且常偏向一侧的花，花序梗极短或长，无苞片或具几枚鞘状苞片。花期 7~9 月。

生　　　境：生于林下、山谷阴湿处。

用　　　途：全株药用，具有清热解毒、活血消肿的功效。

斑叶兰 *Goodyera schlechtendaliana* Rchb. f.

斑叶兰属　*Goodyera* R. Br.　　　　　　　　　　▶ 广西重点保护野生植物

俗　　　名：白花斑叶兰、大斑叶兰、阿里山斑叶兰、大武斑叶兰、花格斑叶兰

识别要点：草本，高 15~35 厘米。根茎茎状，伸长，匍匐，具节；茎直立，绿色，具 4~6 片叶。叶片卵形或卵状披针形，腹面绿色，具白色不规则点状斑纹，背面淡绿色。花茎直立，被长柔毛，具 3~5 枚鞘状苞片；总状花序具几朵至 20 余朵疏生且近偏向一侧的花；苞片披针形，背面被短柔毛；子房圆柱形，连同花梗共长 8~10 毫米，被长柔毛；花较小，白色或带粉红色，半张开。花期 8~10 月。

生　　　境：生于山地阔叶林下。

用　　　途：全株（斑叶兰）药用；味淡，性寒；具有清肺止咳、解毒消肿、止痛的功效。

毛莛玉凤花　*Habenaria ciliolaris* Kranzl.

玉凤花属　*Habenaria* Willd.

俗　　　名：毛葶玉凤兰、毛莛玉凤兰、毛葶玉凤花

识别要点：草本，高 25~60 厘米。块茎肉质，长椭圆形或长圆形；茎粗，直立，圆柱形，近中部具
5~6 片叶，向上疏生 5~10 片苞片状小叶。叶片椭圆状披针形、倒卵状匙形或长椭圆形，先端渐尖或急尖，
基部收狭并抱茎。花茎具棱，棱上被长柔毛；总状花序具 6~15 朵花；苞片卵形，先端渐尖，边缘具缘毛，
较子房短。花期 7~9 月。

生　　　境：生于山地、沟边林下阴处。

用　　　途：块茎药用；味苦、甘，性寒；具有补肾壮阳、解毒消肿的功效。

丝裂玉凤花　*Habenaria polytricha* **Rolfe**

玉凤花属　*Habenaria* Willd.　　　　　　　　▶ 广西重点保护野生植物

俗　　名：多裂缘玉凤兰、裂瓣玉凤兰

识别要点：草本，高 40~80 厘米。块茎肉质，长圆形；茎粗壮，直立，圆柱形，中部具 7~8（10）片叶，向上具 3 片至多片苞片状小叶。叶片长椭圆形或长圆状披针形，先端渐尖，基部收狭并抱茎。花茎无毛；总状花序具 6~15（40）朵密生的花，长 15~30 厘米；苞片披针形；柱头 2 个，隆起，长圆形。花期 8~10 月。

生　　境：生于林下。

用　　途：块茎药用；味苦、甘，性寒；具有补肾壮阳、解毒消肿的功效。

其　　他：在《广西本土植物及其濒危状况》中被评为极危（CR）等级。

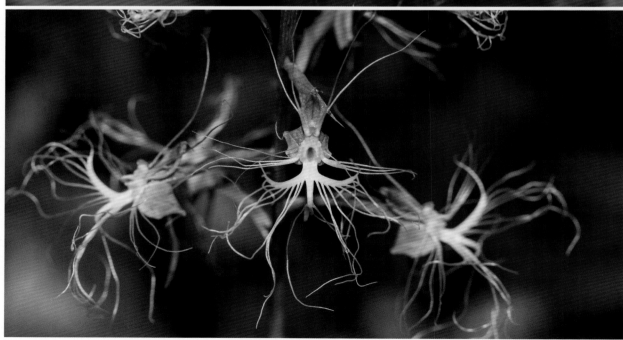

橙黄玉凤花　*Habenaria rhodocheila* **Hance**

玉凤花属　*Habenaria* Willd.　　　　　　　　　▶ 广西重点保护野生植物

俗　　名：凤尾兰、红唇玉凤花

识别要点：草本，高可达 35 厘米。块茎肉质，长圆形；茎粗壮，直立，圆柱形，下部具 4~6 片叶，上部具 1~3 片苞片状小叶。叶片线状披针形至近长圆形，先端渐尖，基部抱茎。花茎无毛；总状花序疏生2~10 朵花；苞片卵状披针形，先端渐尖，短于子房。蒴果纺锤形，长约 1.5 厘米，顶端具喙；果柄长约 5 毫米。花期 7~8 月，果期 10~11 月。

生　　境：生于山地林下阴处、岩石覆土上。

用　　途：块茎药用，具有滋阴润肺、止咳、消肿的功效。全株药用；味淡，性温；具有补肾壮阳的功效。

镰翅羊耳蒜 *Liparis bootanensis* Griff.

羊耳蒜属 *Liparis* Rich.

▶ 广西重点保护野生植物

俗　　名：石虾、石莲草

识别要点：附生草本。假鳞茎密集，卵形、卵状长圆形或狭卵状圆柱形，顶生 1 片叶。叶片纸质或坚纸质，狭长圆状倒披针形、倒披针形至近狭椭圆状长圆形，先端渐尖，基部收狭成柄，具关节。总状花序外弯或下垂，长 5~12 厘米，具数朵至 20 余朵花；花序梗略压扁，两侧具很窄的翅，下部无不育苞片。蒴果倒卵状椭圆形，长 8~10 毫米，宽 5~6 毫米；果柄长 8~10 毫米。花期 8~10 月，果期翌年 3~5 月。

生　　境：生于林缘、林下、山谷阴处的树上、岩壁上。

用　　途：全株（九莲灯）药用；味辛、甘，性微温；具有清热解毒、化瘀散结、活血调经、除湿的功效。

兰科 Orchidaceae

175

长苞羊耳蒜　*Liparis inaperta* Finet

羊耳蒜属　*Liparis* Rich.

识别要点：附生草本，较小。假鳞茎稍密集，卵形，顶生 1 片叶。叶片纸质，倒披针状长圆形至近长圆形，长 2~7 厘米。花葶长 4~8 厘米；总状花序具数朵花，花序梗稍压扁，两侧具很窄的翅，下部无不育苞片；苞片狭披针形，长 3~5 毫米，在花序基部的苞片长可达 7 毫米。蒴果倒卵形，长 5~6 毫米，宽 4~5 毫米；果柄长 4~5 毫米。花期 9~10 月，果期翌年 5~6 月。

生　　境：生于林下、山谷溪边的岩石上。

用　　途：全株药用，具有化痰、止咳、润肺的功效。

其　　他：中国特有植物。在《中国生物多样性红色名录》中被评为极危（CR）等级。

见血青 *Liparis nervosa* (Thunb. ex A. Murray) Lindl.

羊耳蒜属 *Liparis* Rich.

▶ 广西重点保护野生植物

俗　　名：显脉羊耳蒜、插天山羊耳蒜

识别要点：地生草本。茎（或假鳞茎）肥厚，肉质，圆柱状，具数节，通常包藏于叶鞘内，上部有时裸露。叶（2）3~5 片；叶片膜质或草质，卵形至卵状椭圆形，先端近渐尖，边缘全缘，基部收狭并下延成鞘状柄，无关节；鞘状柄长 2~3（5）厘米，大部分抱茎。花葶发自茎顶端，长 10~20（25）厘米；总状花序通常具数朵至 10 余朵花。蒴果倒卵状长圆形或狭椭圆形，长约 1.5 厘米，宽约 6 毫米；果柄长 4~7 毫米。花期 2~7 月，果期 10 月。

生　　境：生于林下、溪边、草丛中阴处、岩石覆土上。

用　　途：全株（见血青）药用；味苦，性寒；具有清热、凉血、止血的功效。

西南齿唇兰 *Odontochilus elwesii* C. B. Clarke ex Hook. f.

齿唇兰属 *Odontochilus* Blume

▶ 广西重点保护野生植物

俗　　　名：钟氏金线莲、钟氏齿唇兰、西南开唇兰

识别要点：草本，高 15~25 厘米。根茎肉质，伸长，匍匐，具节，节上生根；茎向上伸展或直立，圆柱形，较粗壮，直径约 3 毫米，无毛，具 6~7 片叶。叶片卵形或卵状披针形，腹面暗紫色或深绿色，有时具 3 条带红色的脉，背面淡红色或淡绿色。总状花序较疏生 2~4 朵花，花序轴和花序梗均被短柔毛。花期 7~8 月。

生　　　境：生于山地常绿阔叶林下阴湿处。

用　　　途：全株药用，具有消肿止痛的功效。

广东齿唇兰　*Odontochilus guangdongensis* S. C. Chen.

齿唇兰属　*Odontochilus* Blume　　　　　　　▶ 广西重点保护野生植物

识别要点：地生草本，高 18~24 厘米。根茎纤细，浅褐色；茎直立，浅棕色，密被砖红色鞘状鳞片。花序具 4~9 朵花，长可达 6 厘米，花序轴被微柔毛；苞片紫褐色；子房纺锤形，不扭转，被微柔毛；萼片浅褐色，中萼片舟状，与花瓣黏合，具 1 条脉，侧萼片偏斜，稍张开；花瓣浅褐色，镰刀形，具 1 条脉；唇瓣黄色，Y 形，基部稍扩大且凹陷呈囊状。

生　　境：生于林下。

狭穗阔蕊兰　*Peristylus densus* (Lindl.) Santapau & Kapadia

阔蕊兰属　*Peristylus* Blume　　　　　　　　　　▶ 广西重点保护野生植物

俗　　名：狭穗鹭兰、鞭须阔蕊兰

识别要点：草本，高可达 60 厘米，干后变黑色。块茎卵状长圆形或椭圆形，长 1.5~2 厘米，直径约 1 厘米；茎直立，有时细长，无毛，基部具 2~3 枚筒状鞘，近基部具 4~6 片叶，在叶之上常具几片披针形至卵状披针形的苞片状小叶。叶片长圆形或长圆状披针形，先端急尖或渐尖，基部收狭成抱茎的鞘。总状花序具多朵密生的花，圆柱状。花期（5）7~9 月。

生　　境：生于山地林下、草丛中。

用　　途：块茎药用，用于治疗头晕目眩。

黄花鹤顶兰 *Phaius flavus* (Blume) Lindl.

鹤顶兰属 *Phaius* Lour.

▶ 广西重点保护野生植物

俗　　名：黄鹤兰、斑叶鹤顶兰

识别要点：草本。假鳞茎卵状圆锥形，具 2~3 节，被鞘。叶 4~6 片，紧密互生于假鳞茎上部；叶片长椭圆形或椭圆状披针形，先端渐尖或急尖，基部收狭为长柄，通常具黄色斑块，两面无毛，具 5~7 条在背面隆起的脉，叶柄以下互相包卷形成假茎的鞘。花葶从假鳞茎基部或基部上方的节上抽出，1~2 个，直立，粗壮；总状花序长可达 20 厘米，具数朵至 20 朵花；苞片宿存，大而宽，披针形。花期 4~10 月。

生　　境：生于山地林下阴湿处。

用　　途：假鳞茎药用；味苦，性寒，有小毒；具有清热解毒、消肿散结的功效。

福建舌唇兰 *Platanthera fujianensis* B. H. Chen & X. H. Jin

舌唇兰属 *Platanthera* Rich.　　　　　　　　　　　　　▶ 广西重点保护野生植物

　　识别要点：草本，高约 20 厘米，无叶，绿色。根茎圆柱形；茎直立，具 6~8 枚管状基生鞘。花序具 13~18 朵花；苞片披针形，长度等于或稍短于子房；子房圆柱形；花灰绿色；萼片和花瓣疏生棕色斑点；花瓣斜卵形，渐尖，与中萼片靠合成帽状；唇瓣舌状三角形，向前延伸，黄色；距圆锥形，顶端渐尖，或多或少垂直于唇瓣基部；合蕊柱长约 0.18 厘米，药隔宽约 0.5 毫米，柱头 3 裂。花期 8~9 月。

　　生　　境：生于常绿阔叶林下。

小舌唇兰 *Platanthera minor* (Miq.) Rchb. f.

舌唇兰属 *Platanthera* Rich.　　　　　　　　　▶ 广西重点保护野生植物

俗　　　名：高山粉蝶兰、卵唇粉蝶兰、小长距兰

识别要点：草本，高可达 60 厘米。块茎肉质，椭圆形；茎粗壮，直立，上部具 2~5 片逐渐变小为披针形或线状披针形的苞片状小叶，下部具 1~2（3）片较大的叶，基部具 1~2 枚筒状鞘。叶互生，最下面的 1 片最大；叶片椭圆形、卵状椭圆形或长圆状披针形。总状花序疏生多朵花，长 10~18 厘米；苞片卵状披针形，长 0.8~2 厘米，下部的苞片较子房长。花期 5~7 月。

生　　　境：生于山地林下、草地上。

用　　　途：全株（猪獠参）药用；味甘，性平；具有养阴润肺、益气生津的功效。

独蒜兰　*Pleione bulbocodioides* (Franch.) Rolfe

独蒜兰属　*Pleione* D. Don　　　　　　　　　▶ 国家二级重点保护野生植物

　　识别要点：半附生草本。假鳞茎卵形至卵状圆锥形，上端具明显的颈，顶生 1 片叶。叶片在花期尚幼嫩，长成后纸质，狭椭圆状披针形或近倒披针形。花葶从无叶的老假鳞茎基部抽出，直立，下半部包藏在 3 枚膜质的筒状鞘内，顶端具 1（2）朵花；苞片线状长圆形，明显长于花梗和子房，先端钝。蒴果近长圆形，长 2.7~3.5 厘米。花期 4~6 月。

　　生　　境：生于常绿阔叶林下、灌木丛边缘腐殖质丰富的土壤上、有苔藓覆盖的岩石上。

　　用　　途：假鳞茎（山慈姑）药用；味甘、微辛，性寒，有小毒。

　　其　　他：中国特有植物。

白肋菱兰 *Rhomboda tokioi* (Fukuy) Ormer.

菱兰属 *Rhomboda* Lindl.

▶ 广西重点保护野生植物

识别要点：草本，高 10~25 厘米。根茎茎状，伸长，匍匐，具节；茎暗红褐色，具数片叶。叶片偏斜的卵形或卵状披针形，沿中肋具 1 条白色条纹或白色条纹不明显，背面淡绿色。花茎直立，被毛，具 1~3 枚鞘状苞片；总状花序疏生 3~15 朵花；花苞片卵状披针形，红褐色；花瓣偏斜，卵形，白色，极不对称。花期 9~10 月。

生　　境：生于山地林下。

苞舌兰 *Spathoglottis pubescens* Lindl.

苞舌兰属 *Spathoglottis* Blume

识别要点：草本。假鳞茎扁球形，直径通常 1~2.5 厘米，被革质鳞片状鞘，顶生 1~3 片叶。叶片带状或狭披针形，两面无毛。花葶纤细或粗壮，长可达 50 厘米，密被柔毛，下部被数枚紧抱于花序梗的筒状鞘；总状花序长 2~9 厘米，疏生 2~8 朵花；苞片披针形或卵状披针形，被柔毛；花梗和子房长 2~2.5 厘米，密被柔毛；花黄色。花期 7~10 月。

生　　境：生于山地草丛中、疏林下。

用　　途：假鳞茎（黄花独蒜）药用；味苦、甘，性凉；具有清热、补肺、止咳、生肌、敛疮的功效。

香港绶草 *Spiranthes hongkongensis* S. Y. Hu & Barretto

绶草属 *Spiranthes* Rich.

　　识别要点：草本，高可达44厘米。叶2~6片，直立，平展；叶片线形至倒披针形，先端锐尖。花序直立，长10~42厘米，上部浓密且被具腺短柔毛，具多朵螺旋状排列的花；苞片披针形，疏生具腺短柔毛，先端渐尖；花乳白色，花瓣有时微染淡粉红色，长圆形；子房绿色，长约4毫米，被具腺短柔毛；背萼片形成有花瓣的帽状物，长圆形，聚伞状。花期3~4月。

　　生　　境：生于山地、草地上。

带唇兰 *Tainia dunnii* Rolfe

带唇兰属 *Tainia* Blume
▶ 广西重点保护野生植物

俗　　名：长叶杜鹃兰

识别要点：草本。假鳞茎圆柱形，暗紫色，被膜质鞘，顶生 1 片叶。叶片狭长圆形或椭圆状披针形，长 12~35 厘米，先端渐尖，基部渐狭为柄，具 3 条脉；叶柄长 2~6 厘米。花葶直立，纤细，长 30~60 厘米，具 3 枚筒状膜质鞘，基部的 2 枚鞘套叠；总状花序长可达 20 厘米；花序轴红棕色，疏生多朵花；苞片红色，狭披针形；花黄褐色或棕紫色。花期通常 3~4 月。

生　　境：生于常绿阔叶林下、溪边。

其　　他：中国特有植物。在《广西本土植物及其濒危状况》中被评为极危（CR）等级。

长轴白点兰 *Thrixspermum saruwatarii* (Hayata) Schltr.

白点兰属 *Thrixspermum* Lour.

俗　　名：黄蛾兰、小白娥兰

识别要点：草本。茎直立或斜立，长不及 2 厘米。叶 2 列，密集而斜立；叶片革质，长圆状镰刀形，先端锐尖且不对称 2 裂。花序侧生，通常下垂，长可达 8 厘米；花序轴稍曲折而向上增粗，疏生 1~2 朵或数朵花；苞片宽卵状三角形，彼此疏离，螺旋状排列，向外伸展；花白色或黄绿色，后来变为乳黄色，伸展，同时开放，寿命约 1 周。花期 3~4 月。

生　　境：生于大树枝干上。

其　　他：中国特有植物。在《广西本土植物及其濒危状况》中被评为极危（CR）等级。

阔叶竹茎兰 *Tropidia angulosa* (Lindl.) Blume

竹茎兰属 *Tropidia* Lindl.

▶ 广西重点保护野生植物

识别要点：草本，高 16~45 厘米。具粗短、坚硬的根茎和纤维根；茎直立，单生或 2 个生于同一根茎上，不分枝或具 1 个分枝，节间长 3~6.5 厘米，下部具筒状鞘，大部分裸露，上部被鞘包裹。叶 2 片，生于茎顶端，近对生；叶片纸质或坚纸质，椭圆形或卵状椭圆形。总状花序生于茎顶端，长 5~8 厘米，具 10 余朵或更多的花。蒴果长圆状椭圆形，长 1~1.5 厘米，宽 6~7 毫米。花期 9 月，果期 12 月至翌年 1 月。

生　　境：生于林下、林缘。

宽叶线柱兰　*Zeuxine affinis* (Lindl.) Benth. ex Hook. f.

线柱兰属　*Zeuxine* Lindl.

▶ 广西重点保护野生植物

俗　　名：亲种线柱兰

识别要点：草本，高 13~30 厘米。根茎肉质，伸长，匍匐，具节；茎直立，暗红褐色，向上变成绿褐色，具 4~6 片叶。叶片卵形、卵状披针形或椭圆形，常带红色，开花时常凋萎，下垂。花茎淡褐色，被柔毛，具 1~2 枚鞘状苞片；鞘状苞片背面被柔毛；总状花序具几朵至 10 余朵花，长 3~9 厘米。花期 2~4 月。

生　　境：生于山地林下阴处。

其　　他：在《广西本土植物及其濒危状况》中被评为极危（CR）等级。

绿叶线柱兰 *Zeuxine agyokuana* Fukuaya

线柱兰属 *Zeuxine* Lindl.　　　　　　　　　　　　▶ 广西重点保护野生植物

俗　　名：卵叶线柱兰、绿叶角唇兰

识别要点：草本，高 10~25 厘米。根茎伸长，匍匐，具节；茎直立，紫绿色，具 4~5 片叶。叶片卵状椭圆形，腹面深绿色，背面淡绿色。花茎带红褐色，被毛，具 2 枚鞘状苞片；总状花序较疏生几朵至 10 余朵花；花较小；萼片红褐色；花瓣白色，狭倒卵形；唇瓣卵形，包卷状。花期 9 月。

生　　境：生于山地林下阴湿处。

其　　他：在《广西本土植物及其濒危状况》中被评为极危（CR）等级。

似柔果薹草 *Carex submollicula* Tang & F. T. Wang ex L. K. Dai

薹草属 *Carex* L.

识别要点：草本。根茎短，具长地下匍匐茎。秆密集丛生，高 15~20 厘米，锐三棱形，棱上粗糙，基部具无叶片的鞘。叶片较秆稍长，宽 2~4 毫米，腹面两侧叶脉明显，侧脉上和边缘粗糙，干时边缘稍内卷；叶鞘膜质部分常开裂。苞片叶状，长超过小穗，无苞鞘；小穗 3~4 个，常集生于秆的上端；花柱中等长，柱头 3 个。小坚果很松地被果囊包裹，倒卵形、三棱形，三面稍凹，长约 1.5 毫米，基部急尖，顶端具小短尖。

生　　境：生于山地、沼泽。

其　　他：中国特有植物。

抽筒竹 *Gelidocalamus tessellatus* Wen & C. C. Chang

短枝竹属 *Gelidocalamus* T. H. Wen

识别要点：常绿灌木状竹类植物。秆高 2~3 米，直径约 1 厘米，幼秆绿色带紫色，密被白色茸毛；节间长 20~60 厘米，中空，圆柱形，在分枝一侧的近基部扁平；秆环稍隆起；节内长 4~7 毫米；秆每节分 3~12 枝，枝均纤细，具 2~3 节，不再分枝，枝箨近宿存。秆箨宿存；箨鞘革质，背面疏生短刺毛；箨舌低拱形，表面被细柔毛，先端具纤毛；箨片锥形，具尖头。笋期 7~10 月。

生　　境：产于低海拔山地，多生于林下。

用　　途：笋可食用。竹材可制作竹器或编篱。

其　　他：中国特有植物。在《中国生物多样性红色名录》中被评为易危（VU）等级。

摆竹 *Indosasa shibataeoides* **McClure**

大节竹属 *Indosasa* McClure

俗　　名：斑竹、黄竿竹、根竹、黑竹、自然花竹

识别要点：常绿乔木状竹类植物。秆高可达 15 米，直径约 10 厘米，但常见者较矮小，幼时深绿色，无毛，节下明显具白粉，老后渐转为绿黄色或黄色，常具不规则的褐紫色斑点或斑纹；小竹的秆环常甚隆起，高于箨环，大竹的秆环仅微隆起；箨片三角形或三角状披针形，基部常向内收窄，绿色，具明显的紫色脉纹；秆中部每节分枝，枝展开。笋多为淡橘红色或淡紫红色，受虫害时常为黄色。笋期 4 月，花期 6~7 月。

生　　境：生于山地。

用　　途：笋可食用。竹材宜整竿使用。

其　　他：中国特有植物。

苦竹　*Pleioblastus amarus* (Keng) Keng f.

苦竹属　*Pleioblastus* Nakai

识别要点：常绿乔木状竹类植物。秆直立，高 3~5 米，直径 1.5~2 厘米，秆壁厚约 6 毫米，幼时淡绿色，具白粉，老后渐转为绿黄色，被灰白色粉斑；秆每节分 5~7 枝，枝稍展开。箨鞘革质，绿色，具较厚白粉，边缘密生金黄色纤毛；箨舌截形，长 1~2 毫米，淡绿色，具厚的脱落性白粉，边缘具短纤毛。总状花序或圆锥花序具小穗 3~6 个，侧生于主枝或小枝的下部各节，基部被 1 枚苞片包围，小穗柄被微毛。笋期 6 月，花期 4~5 月。

生　　境：生于山地。

用　　途：叶、竹茹药用；味苦，性寒；具有清热明目、利窍、解毒、杀虫的功效。竹沥药用，具有清火化痰、明目、利窍的功效。竹笋（苦竹）药用；味甘，性寒；具有清热除湿、利尿、明目的功效。

其　　他：中国特有植物。

篲竹 *Pseudosasa hindsii* (Munro) Chu & C. S. Chao

矢竹属 *Pseudosasa* Makino ex Nakai

俗　　名：篲竹

识别要点：常绿乔木状竹类植物。秆高 3~5 米，直径约 1 厘米，深绿色；节间长 20~30 厘米，无毛，幼时节下具白粉，秆上部节间被微毛；秆每节分 3~5 枝，枝直立，贴秆。箨鞘宿存，革质，背面疏生白色或淡棕色刺毛，先端圆拱形；箨耳镰刀形，具弯曲的繸毛。每小枝具 4~9 片叶；叶鞘长 2.5~4.5 厘米，质坚韧，枯草色或淡棕色。笋期 5~6 月，花期 7~8 月。

生　　境：生于山地林下。

其　　他：中国特有植物。

中文名索引

拉丁名索引

G

H

I

J

K

L

M

N

O

T

U

V

Z